먹어도
살찌지 않는 요리 54

닥터로빈
슬리밍
레시피

닥터로빈 슬리밍 레시피

먹어도 살찌지 않는 요리 54

초판 1쇄 펴낸날 | 2011년 10월 15일
초판 2쇄 펴낸날 | 2012년 1월 10일

지은이 | 닥터로빈
펴낸이 | 조영혜
펴낸곳 | 동녘라이프

전무 | 정락윤
주간 | 곽종구
책임편집 | 이미종 김옥현
편집 | 이상희 박상준 구형민 윤현아 봉선미
미술 | 조하늘
관리 | 서숙희 장하나

사진 | 한정수(Studio etc.)
디자인 | 노희영(art publication design GOGH)
교정교열 | 박성숙

인쇄 · 제본 | 새한문화사 **라미네이팅** | 북웨어 **종이** | 한서지업사

등록 | 제 311-2003-14호 1997년 1월 29일
주소 | (413-756) 경기도 파주시 문발동 파주출판도시 532-5
전화 | 영업 031-955-3000 편집 031-955-3004 **전송** | 031-955-3009
블로그 | www.dongnyok.com **전자우편** | life@dongnyok.com

ISBN 978-89-90514-53-0 13590

* 책값은 뒤표지에 있습니다.
* 이 도서의 국립중앙도서관 출판시도서목록(CIP)은 e-CIP 홈페이지(http://www.nl.go.kr/ecip)와
  국가자료공동목록시스템(htttp://www.nl.go.kr/kolisnet)에서 이용하실 수 있습니다.
  (CIP제어번호: CIP 2011004269)

먹어도 살찌지 않는 요리 54

DR. ROBBIN
슬리밍 레시피

닥터로빈 지음

4. 날씬해지는 양념 & 소스 레시피

Part 2
슬리밍 레시피

Part 3
칼로리 쏙 뺀 간식

의사 '닥터 로빈'이
전하는
다이어트 이야기

어떻게 하면 요요현상 없이 다이어트를 할 수 있을까요?

미국, 캐나다 등지에서 비만 치료에 대해 공부할 때부터 가장 많이 받은 질문입니다. 많은 여성이 살을 빼고 싶다는 말을 입에 달고 삽니다. 보다 날씬해지고 싶은 여성들의 열망에 발맞춰 비만 전문의인 저도 놀랄 만큼 다이어트 방법은 나날이 진화하고 있습니다. 원푸드 다이어트는 물론 종이컵 다이어트, 수프 다이어트 등 새로운 다이어트법이 유행처럼 번지고 있습니다. 지구상에는 1만 가지가 넘는 다이어트 방법이 있다고 합니다. 하지만 한 번쯤 생각해 보세요. 최고의 다이어트법이 있다면 왜 사람들은 새로운 방법이 나올 때마다 바로 따라하고 실패하기를 반복하는 걸까요?

모진 결심을 하고 일주일 혹은 1개월 동안 죽기 살기로 다이어트를 한다 해도 체중 5kg을 빼기가 쉽지 않지요. 먹고 싶은 욕구를 참고 굶으면서 하는 다이어트는 일상생활까지 흔들어 놓을 정도로 스트레스일 뿐 아니라 건강을 해칩니다. 강력한 의지로 체중 감량에 성공해도 금세 요요현상으로 살이 찔 뿐 아니라 수분까지 쪽 빠져 버린 피부 때문에 나이가 들어 보이는 것 같아 새로운 고민에 빠집니다.

번번이 다이어트에 실패하고 있다면, 그건 다이어트에 대한 정보나 노력이 부족해서만은 아닐 겁니다. 또한 단기간에 체중을 확 줄일 수 있다고 한들 평생 다이어트를 하면서 살 수는 없지 않을까요?

보다 날씬해지고 예뻐지고 싶은 마음에 먹고 싶은 음식을 먹지 못해 스트레스를 받고, 먹는 것마다 칼로리를 따지는 일상은 비극에 가깝습니다. 반복되는 다이어트는 우리 신체의 균형을 깨고 피부의 탄력까지 앗아가 노화를 재촉합니다.

이제는 '아름다움'이라는 잣대에 대해 다시 생각할 때입니다. 다이어트의 목적은 바싹 마른 말라깽이 몸매가 아닙니다. 군더더기 없이 탄력 있는 몸매, 그것이야말로 건강과 아름다움의 상징이 아닐는지요. 진정 아름다운 몸매를 가꾸고 싶다면 이제 체중에 집착할 것이 아니라 건강한 먹거리를 안전하게 먹을 수 있는 방법에 대해 고민해야 합니다. 기름진 고기보다 한 그릇의 쌀밥이 더 살이 찔 수 있고, 탄수화물과 지방을 함께 섭취하면 순식간에 몸에 흡수되어 고칼로리 식품보다 더 체중을 늘릴 수 있습니다. 다이어트의 적은 지방보다 탄수화물입니다. 이렇듯 우리 몸의 대사 과정에 대한 기본 지식을 갖추고 음식의 밸런스에 대해 조금만 알아도 평생 다이어트 걱정 없이 음식을 먹으면서 아름다움을 지킬 수 있지요.

저는 진화의학을 공부한 의사입니다. "식욕을 이기면 죽음을 이긴다"라는 말이 있습니다. 식욕은 인간의 본성입니다. 수렵생활을 하던 시기의 인간은 사냥을 통해 소량의 지방을 섭취, 영양소의 균형을 맞출 수 있었습니다. 그러나 농경사회로 접어들어 인간이 음식물을 풍족하게 먹을 수 있게 되면서 탄수화물 섭취가 문제가 되기 시작했습니다. 인간의 유전자가 제대로 진화되지 못한 상태에서 많은 양의 탄수화물이 공급되어지고 있는 것이 문제입니다. 더구나 오늘날은 너무 많은 식품에 둘러싸여 있고, 음식에 혈당지수가 높은 첨가물이 많이 들어 있기 때문에 아무리 칼로리를 계산해서 절식을 해도 과잉 현상을 막기가 쉽지 않습니다.

이제 다이어트에 대한 고정관념과 식사에 대한 생각을 바꿀 때입니다. 칼로리가 낮은 음식을 골라 먹고 운동을 하면 당연히 살을 뺄 수 있습니다. 하지만 평생 두부와 닭가슴살만 먹고 살 수는 없는 일이고, 하루 섭취량만큼 운동으로 칼로리를 소모한다는 것은 불가능에 가까운 일입니다. 하루 세 끼를 규칙적으로 먹고, 칼로리보다 혈당지수가 낮은 음식을 골라 건강하게 조리하는 노하우가 필요합니다.

이 책에는 젊은 여성들이 좋아하는 이탈리아 음식 54가지를 소개했습니다. 칼로리가 높은 음식으로 인식되어 다이어트 기간에는 꿈도 못 꿀 요리들이지요. 그러나 고칼로리 음식도 재료와 조리 방법에 변화를 주면 얼마든지 가볍게 먹을 수 있습니다. 식재료를 선정할 때 칼로리와 혈당지수가 낮은 것들을 골라 먹는 즐거움을 누리면서 건강까지 챙길 수 있도록 했습니다. 또한 지방보다 쉽게 우리 몸에 칼로리화 되는 설탕, 버터, 생크림 등을 전혀 사용하지 않았습니다. 혈당지수가 높은 설탕 대신 올리고당을 사용했고 동물성 생크림 대신 식물성 저지방 생크림을 사용해 최대한 지방을 줄였습니다.

맛있는 레스토랑의 음식들을 이제 집에서 만들어 보세요. 칼로리 부담을 줄이고 건강하게 만든 음식이라 평생 건강하고 날씬한 몸매를 지킬 수 있습니다.

닥터로빈은?

의사인 닥터 로빈은 '모든 질병은 입에서부터 시작된다'는 철학을 바탕으로 인류의 건강에 기여하고자 진화의학을 토대로 한 음식치료의학(Food Medicine)을 고안했습니다. 자연 그대로의 식품을 기본으로 개개인의 체질에 맞는 맞춤형 음식을 제안해 건강을 지키는 한편 질병을 고치는 데 도움이 되도록 했습니다. 또한 즐거움이 건강을 유지하고 아름다움을 뽐내는 데 결정적인 요소로 작용한다는 사실을 알게 되었습니다. 인공 첨가물을 사용하지 않고도 맛있고 건강한 식품을 만들 수 있다는 이너프(Enough) 철학으로 푸드 포뮬러(Food Formula)를 완성했습니다.

이 책은 로빈 박사의 신념을 근거로 설탕과 버터를 사용하지 않는 건강 음식을 제안합니다. 닥터로빈이 운영하는 레스토랑 '닥터로빈'에서는 설탕 대신 오렌지나 귤 껍질과 자작나무에서 추출한 당으로 만든 시럽을 권장하지만 이 책에서는 독자들의 편의를 위해 올리고당으로 대체했습니다.

맛있는 다이어트 보고서

날씬한 몸매는 영원한 로망입니다. 슈퍼모델의 8등신 몸매를 부러워하면서
때가 되면 습관처럼 다이어트를 결심합니다. 운동, 원푸드 다이어트, 저칼로
리 다이어트 등 다양한 방법이 있지만, 이런저런 시도를 해 봐도 다이어트
를 하는 족족 실패했다면 이제 살빼기에 대한 생각을 바꿔 보세요.

PART

1

1. One

다이어트의
기본 원칙 7가지

'날씬하다'는 것은 체내에 불필요한 지방이 쌓이지 않았다는 것을 의미한다.
즉, 외모의 아름다움뿐 아니라 신체의 건강을 말하는 것이다. 미용과 건강은
절대 분리시켜서 생각할 수 없다. 날씬하고 아름다운 몸매를 꿈꾼다면 몸속
건강을 챙길 방법에 대해 고민해야 한다. 다이어트를 시작하기 전에 꼭 알고
지켜야 할 기본 원칙이 있다.

01

칼로리에
집착하지 마라

칼로리(calorie)는 보통 음식의 열량이나 대사적인 가치를 재는 단위다. 즉, 음식의 칼로리는 그 음식이 우리에게 주는 에너지를 숫자 단위로 측정한 것이다. 식품 중 칼로리를 제공하는 것은 탄수화물, 지방, 단백질, 알코올 등이다. 1g당 단백질과 탄수화물은 4kcal, 지방은 9kcal, 알코올은 7kcal의 열량을 가지고 있다. 흔히 칼로리가 높은 음식은 살이 찌고, 지방이나 알코올이 다이어트에 나쁜 영향을 끼친다고 생각하는데 매일 먹는 양이 절대적으로 많은 탄수화물의 칼로리를 간과할 수 없다. 같은 칼로리라도 혈당지수가 높은지 낮은지를 따져봐야 한다. 양질의 탄수화물을 알맞게 섭취하는 것이 무엇보다 중요한 이유다.

특히 인슐린 분비를 활성화하는 당이 적은 탄수화물을 골라 먹는 지혜가 필요하다. 혈당지수(GI ; 탄수화물 함유 식품이 혈당 수치에 미치는 영향)가 낮은 탄수화물 식품은 당이 혈액으로 천천히 흘러가게 해 에너지를 지속적으로 공급하기 때문에 오랜 시간 포만감이 느껴진다. 반대로 고혈당지수 식품은 체내에 빠르게 흡수되어 혈당을 급격히 높이기 때문에 우리 몸의 에너지가 금세 고갈되어 배고픔을 느끼게 된다. 결국 허기를 느껴 자주 간식을 먹게 되고, 이로 인해 지방이 많이 축적돼 비만을 일으킨다.

이렇듯 같은 탄수화물이라도 우리 몸에 서서히 흡수되고 칼로리화가 덜 되는 저혈당지수 식품을 챙겨 먹는 것이 중요하다. 대표적인 저혈당지수 탄수화물은 현미, 강낭콩, 파스타, 오렌지, 사과 등이다. 잡곡밥은 쌀밥보다 소화 속도가 느려 포만감이 오래가 많이 먹을 필요가 없고, 에너지로 사용되기 때문에 잉여 지방이 축적되지 않는다. 흔히 다이어트를 할 때 과일을 많이 먹는데 이때도 혈당지수가 낮은 과일을 먹는 것이 좋다. 바나나보다는 포도, 포도보다는 사과와 딸기의 당지수가 낮다.

02

뚱뚱해지려거든
굶어라!

다이어트는 세상 모든 여자의 평생 숙제와 같다. 덴마크 다이어트, 바나나 다이어트 등 유행하는 다이어트 방법은 모두 섭렵하고 필살기 전략으로 토마토, 브로콜리, 닭가슴살 같은 식재료로 세 끼를 먹는 경우도 부지기수다. 하지만 살을 빼겠다고 평생 저칼로리 식품만 먹을 수는 없다. 굶거나 칼로리를 제한하는 다이어트는 일시적으로 체중을 줄일 수는 있지만 요요현상을 비롯한 여러 가지 장애, 즉 우리 체질을 바꾸는 부작용을 초래한다.

몸이 불편해서 병원에 가면 의사는 '스트레스를 받지 말라'고 조언하곤 한다. 우리 몸은 스트레스를 받으면 스스로 그 상태를 극복하기 위해 스테로이드 등 스트레스 반응 호르몬을 분비하기 때문에 스트레스는 만병의 근원이다.

한 가지 예를 들어 보자. 전쟁이 일어난다는 보도가 나면 사람들은 엄청난 스트레스 상태에 직면한다. 만약의 사태에 대비해 물과 라면 등 생필품을 사재기하느라 대형 마트 앞은 인산인해를 이룬다. 이와 마찬가지로 우리 몸도 과도한 스트레스 상태에 몰리면 '큰일 났다'고 자각해 섭취한 음식을 나중에 사용할 목적으로 가능한 한 많이 축적하는데, 이런 상태를 '스트레스성 대사장애증후군'이라고 한다. 오랜 시간 굶으면 우리 몸은 마지막 기회라고 여겨 소량의 음식물이 들어오면 먹은 것을 전부 저축해 버린다. 즉, 먹는 족족 쌓아 두는 '축적형 체질'이 되어 먹는 양과 칼로리보다 더 살이 찌는 결과를 낳는다.

굶는 다이어트는 우리 몸을 '축적형 체질'로 만드는 지름길이다. 굶는 다이어트의 가장 큰 부작용인 '요요현상'이 바로 그 결과다. 단기간 동안 굶는 다이어트를 하면 체중은 빠진다. 하지만 이때 빠지는 건 잘 알려졌듯이 지방이 아니라 단백질이다. 또한 불규칙한 식습관은 다량의 스트레스 호르몬을 분비시켜 피부 노화를 일으킨다. 눈에 띄게 날씬해질 수는 있지만 피부가 쭈글쭈글해져 주름이 생기고 몸에도 무리가 따라 건강에 심각한 장애를 일으킨다.

누구나 아름다워지기 위해 다이어트를 한다. 하지만 비만과 노화는 톱니바퀴처럼 유기적으로 얽혀 있다. 탱탱하고 볼륨이 살아 있는 몸매를 갖고 싶다면 체중에 집착하는 대신 체질부터 바꿔야 한다. 먹는 것을 모두 쌓아 두는 '축적형 체질'을 지방을 녹여 에너지로 활용하는 '대사형 체질'로 바꿔야 아름다움과 건강이라는 두 마리 토끼를 모두 잡을 수 있다.

03

흰쌀밥을 먹느니
삼겹살을 먹어라

건강하게 살기 위해서는 탄수화물, 단백질, 지방이 5:3:2의 균형을 이루도록 먹기를 권한다. 원시시대에는 수렵활동을 했기 때문에 적당한 사냥으로 지방을 공급받고 나머지 영양소는 과일과 채소로 섭취했다. 하지만 농경생활을 하게 되면서 굶어 죽는 사람은 줄어들었지만 탄수화물 섭취가 폭발적으로 증가해 성인병과 비만 등 여러 가지 질병이 생기기 시작했다. 그렇다면 탄수화물은 왜 문제였을까? 우리가 음식물을 섭취하는 이유는 살아가는 데 필요한 에너지를 생산하기 위해서다. 그러나 모든 음식물이 똑같은 방식으로 소화 및 배출되지는 않는다. 우리 몸의 시스템을 제대로 안다면 조심해야 할 음식과 섭취 방법에 대한 해답이 나온다.

일반적인 대사는 밥, 쌀, 밀가루 등 다량의 탄수화물이 들어 있는 식품을 먹을 때 일어난다. 탄수화물 식품은 몸속에서 당으로 분해된 뒤 다시 젖산으로 바뀌어 먹는 즉시 쉽게 에너지를 얻지만 항상 힘이 달리고 배가 고프다. 그러다 보니 자연스럽게 음식 섭취량이 늘어나게 된다. 또한 탄수화물 식품은 먹으면 먹을수록 혈당 수치가 올라간다. 당이 올라가면 우리 몸은 균형을 맞추기 위해 혈당을 낮추려고 인슐린을 많이 분비하며, 인슐린의 작용으로 당이 지방으로 저장된다. 결국 혈당은 떨어지지만 자동적으로 허기가 지는 악순환이 반복되는 것이다.

반면 지방이나 단백질 식품은 산소가 많을 때 우리 몸에서 대사 과정을 거친다. 지방을 지방산과 글리세롤로 분해한 뒤 이때 발생한 이산화탄소를 호흡을 통해 내보내고 물은 소변으로 배출시킨다. 결국 시간은 오래 걸리지만 지방이 녹아 에너지가 나오면 활력이 생기고 부산물이 호흡과 소변으로 완전히 배출되기 때문에 젖산이 생기

지 않아 피곤하지 않다. 따라서 지방을 뺄 때는 산소를 다량으로 공급하는 에어로빅 같은 호기성 운동[1]이 도움이 된다. 하지만 이런 운동 역시 노화라는 부작용은 피하지 못한다.

지글지글 기름이 나오는 삼겹살보다 흰쌀밥이 우리 몸에는 질적으로 더 나쁘고 살도 많이 찐다. 균형 잡힌 탄탄한 몸매를 가꾸고 싶다면 탄수화물을 체계적으로 섭취해야 한다. 당이 많은 쌀밥이나 빵 등 탄수화물에 의존하는 식생활을 개선하지 않으면 아무리 다이어트를 해도 체중 감량은커녕 각종 질병의 위험에서 안전할 수 없다.

---

1) 호기성 운동: 운동을 하는 동안 지속적인 산소 공급이 이루어져 혈액 순환을 돕고 근육을 강화시키고 심장을 튼튼하게 한다.

04

탄수화물을
제대로
섭취해라

흰쌀밥과 밀가루 음식만 끊으면 날씬한 몸매를 유지할 수 있을까?
우리는 흔히 '탄수화물=밀가루 음식'이라고 생각하지만 탄수화물은
지방 함량에도 작용한다. 가령 풀만 먹고 야생에서 자란 소는 지방
함량이 15% 정도다. 하지만 대량 사육되는 소는 풀만 먹는 것이 아니
라 고기와 고기 사이 지방질, 즉 마블링을 만들기 위해 탄수화물 함
량이 높은 사료를 먹고 자라기 때문에 지방 함량이 20%가 넘는다.
즉, 사람이 쇠고기를 섭취했을 때 소가 먹고 자란 탄수화물로 인해
지방 함량까지 늘어나는 결과를 낳는다.

전통적인 방법으로 만든 된장은 건강식품이지만 시판 된장은 밀가루
를 30% 이상 섞는 경우가 많다. 건강에 좋은 발효식품조차 우리가 모
르는 탄수화물 함량이 높다는 의미다. 많이 먹지 않는데도 살이 빠지
지 않는 이유는 바로 질이 나쁜 탄수화물 식품과 탄수화물이 다량 함
유된 식품들의 위험에서 안전하지 못하기 때문이다.

균형 잡힌 식사로 건강을 지키면서 다이어트를 하고 싶다면 적당한
채소를 챙겨 먹고, 단백질을 섭취하고, 고당질 식품을 피해야 한다.
이때 상극인 재료를 함께 요리하지 않는 것이 중요하다. 특히 탄수화
물과 지방은 함께 섭취하지 않도록 주의한다. 흔히 햄버거를 '정크푸
드'라고 말하는데 이는 원재료의 성분을 알 수 없는 패티 때문이 아
니다. 지방이 풍부한 고기와 탄수화물 식품인 빵을 함께 먹기 때문에
탄수화물은 즉시 칼로리화되어 지방이 쌓이게 하므로 건강에 좋지
않은 것이다. 도넛, 부침개도 같은 이유로 해롭다. 맛을 위해 탄수화
물과 지방 성분의 재료를 동시에 섭취하도록 요리하는 경우가 많은
데, 몸의 균형과 건강을 위해서는 유기농 식재료를 고르는 것만큼 재
료들이 상충하지 않는 조리 방법이 중요하다.

05

필요에 따라 종합 비타민제를 복용해라

우리 몸은 정직해서 만약 철분이 부족하면 철분을 보충할 수 있는 음식이 당긴다. 그렇다면 칼로리가 높은 피자나 삼겹살이 먹고 싶을 때 역시 칼로리가 부족해서일까?

오늘날처럼 온갖 음식이 유혹하는 시대에는 열량 소모가 많은 운동을 하지 않는 한 칼로리가 부족한 경우는 거의 없다. 다만 미네랄이나 식이섬유, 철분 등 부족한 요소가 있을 때 우리 몸은 계속 식욕을 자극해 부족한 부분을 채우려고 한다. 정상적인 식사를 하는데도 계속 허기가 질 때 철분만 보충해도 배고픔이 사라지는 경우가 많다. 또한 다이어트를 하는 도중 장기간 고기가 먹고 싶었는데 철분 보조제를 먹으니 고기 생각이 나지 않았다는 사례도 찾아볼 수 있다. 6대 영양소로 불리는 식이섬유 등은 열량을 내지는 않지만 건강을 위해 꼭 챙겨야 하는 필수 식품이다. 그러나 식품만으로는 필요량을 섭취하기 힘들므로 시중에서 흔히 구할 수 있는 종합 비타민제나 철분제 등을 복용하는 것이 좋다.

06

운동은
적당히 해라

1시간 동안 걸으면 250kcal, 뛰면 500kcal가 소모된다. 250kcal의 음식을 먹었다면 1시간을 꼬박 걸어야 칼로리를 소모할 수 있다. 운동을 15분 이상 지속해야 탄수화물이 소비되고 그 후에 지방이 소모되기 때문에 살을 빼려면 운동을 15분 이상 꾸준히 해야 한다.

많은 사람이 건강을 위해 규칙적으로 운동을 한다. 때로 큰 효과를 보기 위해 하루에 4시간 이상 운동을 하며 다이어트를 하는 경우도 많다. 그러나 과도한 운동은 체중을 줄일 수는 있지만 건강에는 악영향을 미친다. 격한 운동을 하면 근육에도 에너지가 필요해 많은 에너지를 만들게 되고 이 과정에서 활성산소가 뿜어져 나오는데, 활성산소가 과도하게 방출되면 활성산소는 불안정하여 안정을 찾으려고 애쓴다. 이때 활성산소는 자석처럼 우리 몸과 결합해 손상을 입힌다. 과격한 운동 시 발생하는 활성산소는 외부에서 들어오는 세균만 죽이는 것이 아니라 스스로를 공격해 우리 몸의 노화를 유발한다. 살을 빼기 위해 지나친 운동을 하면 체중은 줄어도 몸의 탄력과 건강을 해치게 되는 것이다. 빠른 걸음으로 1시간 정도 산책하는 가벼운 운동이 건강과 아름다움을 지키는 지름길이다.

07

다이어트
대신
소식을 해라

장수마을로 유명한 일본과 불가리아의 사례를 보면 적게 먹는 것이 오래 사는 비법이라는 사실을 알 수 있다. 또 칼로리를 제한한 생쥐 그룹과 충분히 음식을 준 생쥐 그룹 중 수명이 훨씬 긴 그룹은 칼로리를 제한한 생쥐 그룹이라는 실험 결과도 있다.

원시시대에는 먹을 것이 많지 않아 식욕을 제어하지 않아도 문제가 되지 않았다. 과거에는 식사량이 많았지만 노동량 또한 많았기 때문에 비만이 없었다. 하지만 현대인들은 활동량에 비해 고지방, 고탄수화물 식품을 너무 많이 먹기 때문에 스스로 자제하고 절식하지 않으면 과부하가 일어나게 된다. 살이 쪄 몸이 둔하다고 느껴지거나 스스로 뚱뚱하다고 생각되면 사람들은 체중 감량을 위해 다이어트에 돌입하는데, 다이어트를 할 때는 칼로리를 제한하며 먹는 양을 절제하다가 다이어트 후 폭식을 거듭한다면 아무 소용이 없다.

다이어트를 혹독하게 하는 수고보다는 먹는 양을 제한해 소식하는 습관을 기르는 것이 훨씬 효과적이다. 소식이 생활화된다면 굳이 다이어트를 위한 식단을 짤 필요가 없다.

2. Two.

닥터로빈의
건강한 식단을 위한
준비 6가지

다이어트를 하려면 먼저 자신이 어떤 음식을 어떻게 먹는지 식습관을 파악해야 한다. 먹는 음식의 칼로리를 계산하거나 무턱대고 식사량을 줄이는 것이 최선은 아니다. 채소도 버터나 기름을 사용하면 고칼로리 음식이 되므로 데쳐서 먹는 등 열량이 낮은 조리법으로 풍성하게 먹는 것이 좋다. 이렇게 먹는 패턴을 체크한 뒤 지방보다 더 건강에 해로운 단순당과 인공 첨가물이 들어가지 않은 음식을 먹어야 한다.

01

반찬
가짓수를
줄여라

우리의 밥상은 지금 풍성하다 못해 과도하다. 제철과 상관없이 다양한 식재료를 구할 수 있고, 맛있는 음식을 만들기 위해 지나치게 많은 양념을 첨가하기 때문이다. 음식을 만들 때는 원재료의 맛과 향이 살아나도록 최소한으로 조리하고 양념을 적게 넣는 것이 좋다. 한 끼에 너무 많은 종류의 반찬을 먹으면 위에 부담을 주고 소화 및 각종 신진대사도 원활하지 않게 된다.

한 끼에 먹는 반찬은 세 가지 미만으로 제한하고 채소는 가급적 생으로 먹거나 삶아 먹는 것이 좋다. 칼로리가 적고 식이섬유가 풍부한 채소는 버터나 마가린, 기름을 많이 사용해 조리하면 고칼로리 음식이 된다.

양념은 재료 고유의 맛을 살릴 수 있도록 강한 것은 피하고 고기 요리에는 양파, 키위 등을 곁들여 지방 흡수를 줄이도록 한다.

02

저칼로리 식품보다 음식의 재료가 중요하다

저칼로리 식품은 칼로리가 낮고 소화 · 흡수 · 분해가 느려 포만감이 오래 지속되는 특징이 있다. 두부, 곤약, 감자, 닭가슴살, 토마토 등은 체내에 있는 발암물질과 유독물질을 배출하는 디톡스 기능도 가지고 있다. 그러나 단기간에 다이어트를 할 목적으로 저칼로리 식품만 먹는 것은 의미가 없다. 저칼로리 식품을 자주, 보다 맛있게 먹을 수 있는 방법에 대해 고민할 필요가 있다. 예를 들어 견과류와 지방이 함유된 감자튀김을 같은 칼로리의 양을 먹었을 때 체내에 저장되는 칼로리는 같지 않다.

같은 100kcal라도 현미밥과 흰쌀밥을 먹었을 때 우리 몸에서 소화 흡수되는 속도가 다르므로 질 좋은 탄수화물을 섭취하기 위해 노력해야 한다. 동일한 탄수화물을 섭취할 때도 탄수화물의 효소 작용을 방해하는 강낭콩이 든 밥을 먹으면 체내에 흡수되는 속도를 늦출 수 있다. 또한 파스타는 탄수화물 식품 중에서는 혈당지수가 낮기 때문에 배부르게 먹고 포만감을 느낄 수 있다. 특히 씹을 때 꼬들꼬들한 정도인 알덴테로 삶으면 녹말이 당으로 분해되는 소화 과정이 길어지므로 푹 퍼지게 삶지 않도록 주의한다.

그렇다고 저칼로리 식품에 집착해 그것만 먹기보다는 균형을 맞춰 평소에 즐겨 먹는 실천이 무엇보다 중요하다.

03

저염
식단을
구성해라

다이어트와 성인병의 적은 지방이 아닌 나트륨이다. 멸치, 다시마 등 천연 재료를 우린 맛국물을 활용하면 소금과 간장 사용량을 줄일 수 있다. 생강이나 파 등 향이 강한 채소를 넣으면 감칠맛이 살아나 따로 간을 하지 않아도 되며, 드레싱을 만들거나 고기를 양념에 잴 때는 레몬즙을 활용하면 소금 사용량을 줄이는 데 도움이 된다. 베이컨이나 햄, 어묵 등 가공식품은 끓는 물에 한 번 데쳐서 나트륨과 화학 첨가물을 제거한 뒤 요리한다.

또한 모든 요리에 채소를 넣어 조리한다. 채소에는 칼륨이 많이 함유되어 나트륨 배설을 돕는다. 저염 식단을 구성하려면 소금의 양을 줄여야 하는 것은 물론 소금의 질도 중요하다. 정제염보다는 우리 몸에 필요한 미네랄이 풍부하게 함유된 천일염을 쓰는 것이 좋다.

04

설탕과
버터를
사용하지 마라

단맛을 내는 대표 감미료 설탕은 사탕무나 사탕수수를 압착해서 생산하는데, 이 과정에서 몸에 이로운 섬유질 등 영양분은 모두 제거되고 '수크로스'라는 당분만 남는다. 보통 음식물을 섭취하면 소화 과정에서 포도당과 같은 당 성분이 추출되는데 이것이 혈액에 흡수되어 혈당이 된다. 하지만 설탕은 포도당과 과당이 화학적으로 결합된 상태라 몸속에 들어가면 둘로 분리되어 별도의 소화 작용 없이 몸에 빠르게 흡수되어 혈당 수치를 급격하게 증가시킨다. 결국 우리 몸은 혈당 조절을 위해 인슐린을 대량 분비하고 과도한 당은 글리코겐 형태로 저장한다. 즉, 설탕은 몸속에 바로 흡수돼 피로할 때 쉽게 에너지를 내지만 조금만 시간이 흐르면 저혈당 상태가 나타나 단것이 당기는 악순환이 반복된다.

그렇다면 식생활에서 설탕을 줄이면 안전할까? 대답은 '아니오'다. 젤리, 소스류, 양념치킨, 탄산음료 등의 가공식품에 설탕 대체물인 고과당 옥수수 시럽(HFCS)이 들어가기 때문이다. 가급적 인공 감미료가 들어 있는 가공식품 섭취를 제한하고 요리에는 설탕 대신 매실액, 올리고당 등을 활용하는 것이 좋다.

심장 질환과 성인병의 원인이 되는 동물성 지방이 함유된 버터 역시 되도록 먹지 않는 것이 좋다. 지방은 크게 동물성(포화지방산)과 식물성(불포화지방산)으로 나뉘는데 트랜스 지방은 어느 쪽에도 속하지 않는 인위적인 지방이다. 액체 상태인 식물성 기름을 마가린이나 쇼트닝 등 반고체 상태로 만드는 과정에서 주로 생기는데, 이 또한 동물성 지방과 마찬가지로 과도하게 섭취하면 혈관을 굳게 하고 비만을 일으킬 수 있다.

버터 대신 품질 좋은 올리브유를 활용하고, 설탕이나 단맛을 내는 인공 감미료 대신 설탕에 비해 칼로리는 40% 이상 적고 식이섬유가 들어 있는 올리고당을 활용한다.

05

홀푸드
(Whole food)
식품을
먹어라

백미는 벼 낟알에서 쌀겨 층과 씨눈을 완전히 깎아내 식이섬유와 비타민, 무기질 등이 모두 제거된 단순한 탄수화물이다. 때문에 빠르게 에너지원으로 쓰여 혈당지수와 중성지방의 합성률을 높인다. 그러나 현미는 쌀눈과 껍질에 단백질, 비타민, 식이섬유가 풍부하다. 특히 현미에는 수용성 비타민인 티아민이 풍부한데 이것이 탄수화물의 연소를 도와 복부 비만을 막고, 식이섬유가 풍부하기 때문에 소화 흡수되는 데 시간이 오래 걸려 적은 양을 먹어도 포만감을 준다. 결과적으로 흰쌀밥 1공기와 현미밥 2/3공기를 먹었을 때 포만감이 비슷하다. 통곡물이야말로 탄수화물 섭취를 줄이는 지름길이다.

또한 날씬하고 건강한 몸매를 유지하려면 '식욕'을 잘 관리해야 한다. 적은 양을 먹어도 배가 부른 것처럼 만족감이 느껴지는 식품을 골라 먹는 것이 좋다. 옥수수, 콩 등 알맹이 재료나 우엉, 연근, 무처럼 섬유질이 많은 뿌리채소 등 여러 번 씹어 먹을 수 있는 식품을 자주 섭취한다. 꼭꼭 씹어야 하는 음식들은 적은 양으로도 포만감을 느끼기 때문에 다이어트 효과가 더 높다.

기능성 식재료와 건강한 조리법이 중요하다

다이어트 하면 가장 먼저 떠오르는 식품이 닭가슴살, 토마토, 두부, 곤약 등이다. 물론 이것들은 칼로리도 낮고 단백질과 식이섬유가 풍부해 즐겨 먹어야 할 매직 푸드임에 틀림없다. 하지만 아무리 훌륭한 식재료도 자주 먹으면 질리기 마련이고, '다이어트 푸드' 하면 떠오르는 맛없다는 인식에서도 자유로울 수 없다.

다이어트를 할 때 먹을 생각조차 할 수 없는 대표 메뉴가 피자와 파스타다. 탄수화물 식품인 파스타와 고칼로리인 치즈는 다이어트에 독이라고 여기기 때문이다. 하지만 칼로리가 낮은 빤한 다이어트 식품으로 제한된 음식을 먹는 것보다 저지방 식재료를 활용해 맛있는 요리를 다양하게 즐기는 편이 건강과 몸매의 균형을 맞추는 데 도움이 된다.

이탈리아 요리 하면 치즈가 듬뿍 들어간 피자, 크림 범벅인 파스타를 떠올리지만 실제로 이탈리아 가정식은 신선한 채소와 허브, 해산물을 활용한 소박한 음식이 많다. 금기시하는 음식 없이 이탈리아 요리를 즐기고 싶다면 칼로리를 낮추고 건강하게 먹는 조리법에 관심을 기울여야 한다. 특히 파스타는 복합 탄수화물로 고혈당지수 식품이 아니다. 당지수가 낮아 배부르게 먹고 포만감을 느낄 수 있을 뿐 아니라 간편하게 여러 가지 방법으로 조리할 수 있어 먹는 즐거움도 선사한다. 올리브유 역시 1큰술에 100kcal로 고칼로리 식품에 가깝다. 하지만 비타민 E와 폴리페놀 등 항산화작용이 뛰어나 챙겨 먹으면 심장과 혈관이 튼튼해지고 피부 미용에 도움이 된다. 건강한 몸매를 가꾸는 데 무엇보다 중요한 건 칼로리가 아니라 몸의 밸런스다.

이탈리아 사람들이 다른 유럽 국가의 사람들에 비해 날씬하고 건강한 이유도 올리브유, 토마토, 파스타, 버섯, 치즈 등의 재료를 활용해 하루 세 끼를 꼬박꼬박 챙겨 먹는 지중해식 식단의 힘이라고 할 수 있다.

맛있는 이탈리아 음식을 보다 가볍고 건강하게 즐기고 싶다면 칼로리가 낮은 기능성 식재료를 활용한다. 생크림 대신 식물성 저지방 생크림, 우유 대신 저지방 우유를 선택하는 것이다. 칼로리를 낮춘 식품도 너무 많은 양을 먹으면 당연히 살이 찐다. 하지만 같은 양을 먹더라도 질 좋은 식품은 체내 흡수율이 낮아 칼로리를 낮추는 것 이상의 효과가 있다.

3. Three

닥터로빈이
제안하는
식단 계획

세 끼 밥이 보약이라는 말이 있다. 만약 자신이 먹는 양에 비해 살이 찐다면, 이는 살이 찔 수밖에 없는 식습관을 가지고 있다는 뜻이다. 특정 음식만 섭취해 살을 빼는 다이어트가 유행하고 있지만 장기적으로는 균형 잡힌 세 끼 식사로 건강의 기초를 쌓는 것이 가장 중요하다.

01

아침 식사는
거르지
않는다

아침을 먹지 않거나 불규칙한 식사 습관은 비만으로 가는 지름길이
다. 우리 몸이 비상사태로 인식해 지방을 축적하기 때문이다. 또한 아
침을 거르면 하루에 필요한 양을 밤에 먹기 쉽다. 규칙적으로 하루
세 끼를 꼬박꼬박 챙겨 먹고, 세 끼의 식사량을 비슷하게 먹는 것이
가장 이상적이다.

02

3대 영양소의
밸런스를 맞춰
식단을 짠다

다이어트를 할 때 가장 먼저 할 일은 하루 칼로리 섭취량을 계산해
활동량에 맞추는 것이 아니라 균형 잡힌 식단을 만드는 것이다. 한
국영양학회에 따르면 20대 여성의 하루 필요량은 2100kcal, 남성은
2600kcal다. 하지만 필요 칼로리를 계산한 뒤 음식 칼로리를 따지고
운동량을 정해 활동량에 맞춰 생활하기는 쉽지 않으므로 칼로리보다
는 한 끼 식사의 영양 균형을 맞춰 먹는 습관을 들인다. 탄수화물, 단
백질, 지방을 5:3:2 비율로 섭취하는 것이다. 토마토나 배추 등의 채소
에도 탄수화물이 포함되어 있으므로 흰쌀밥 대신 현미밥을 먹어 단
백질이 부족하지 않도록 신경 쓴다. 칼로리보다 더 중요한 탄수화물
과 지방의 결합은 피한다.

03

열량이 낮은
음식으로
풍성하게 먹는다

무턱대고 식사량을 줄이기보다는 열량이 낮은 음식을 풍성하게 먹거나 단일 음식을 마음껏 먹는다. 다이어트 중인데 갈비가 너무 먹고 싶을 경우 먹지 않고 스트레스를 받기보다는 채소와 함께 기름기 없는 살코기를 먹는 것이 훨씬 낫다. 열량이 낮은 재료를 활용해 맛있고 풍성하게 먹을 수 있는 조리법을 적용한다.

04

삼백식품은
피한다

가급적 백미, 설탕, 밀가루 등 삼백식품은 피한다. 단순 당질로 이루어진 설탕과 백미 등은 체내에서 빠르게 흡수되어 칼로리화된다. 설탕은 올리고당으로 대체하고 백미는 식이섬유가 풍부하고 칼로리로 전환되는 속도가 늦은 현미로 바꿔 먹는 습관을 들인다.

05

조리를
최소화한다

흔히 몸이 아프면 죽을 먹는다. 죽은 재료를 소화되기 쉬운 형태로 갈아서 끓여 우리 몸에 빠르게 흡수되어 회복 효과를 내기 때문이다. 그러나 흡수되는 속도만큼 칼로리화도 빠르게 이루어져 평소에 즐겨 먹으면 쉽게 살이 찐다. 재료를 갈아서 사용하거나 조리 시간이 긴 음식일수록 우리 몸에 빨리 흡수된다. 꼭꼭 씹어 먹어야 하는 통곡물이나 생식 위주의 식사가 좋다.

06

영양 손실이
적은
조리법을
적용한다

두부, 콩을 이용한 식물성 단백질 위주 식단에 비타민과 섬유질이 풍부한 채소를 곁들이면 금상첨화다. 다만 칼로리가 낮은 식재료라도 조리법에 신경을 써야 한다. 두부는 볶는 대신 굽거나 데쳐서 먹고, 달걀도 삶아서 먹는다. 또 생채소를 먹을 때는 지방이 풍부한 드레싱과 양념은 피한다. 스프레이 타입 올리브유를 사용하면 평소 사용량을 절반 이상 줄일 수 있다.

4. Four

날씬해지는
양념 & 소스
레시피

두부, 현미, 토마토 등 다이어트에 도움이 되는 식품은 영양소는 풍부하고 칼로리는 낮다. 몸에 좋다는 것은 알지만 특유의 심심한 맛과 식감 때문에 즐겨 먹기 꺼려진다. 건강한 식재료를 자주, 맛있게 먹으려면 무엇보다 재료의 풍미를 살리는 양념이 중요하다. 일반 양념의 맛은 고스란히 살리면서 칼로리는 대폭 줄인 레시피를 소개한다.

소스를 만들어 여러 가지 요리에 활용하세요

토마토 소스   씨겨자마요네즈 소스

01 토마토 소스

이탈리아 요리의 기본인 토마토 소스는 파스타나 리조토는 물론 살사 소스 등을 만들 때 활용하면 좋다. 토마토는 지방 함량이 낮고 포만감을 주는 대표적인 다이어트 식재료로 생토마토보다 익힌 토마토에 항산화 물질인 리코펜이 더 풍부하다. 잘 익은 토마토로 소스를 만들면 당분이 더해져 요리할 때 별도의 간을 하지 않아도 된다.

▷ **재료**(200g)
완숙 토마토 1개(250g), 물 150ml, 양파 50g, 마늘 10g, 생바질 2장, 올리브유 2큰술, 소금 1/2작은술

▷ **이렇게 만드세요**
1. 토마토는 칼로 꼭지를 도려낸 뒤 십자로 칼집을 넣어 끓는 물에 데친다.
2. 데친 토마토의 껍질을 벗긴 뒤 칼로 다지거나 믹서에 간다. 양파와 마늘은 다진다.
3. 달군 팬에 올리브유를 두르고 다진 양파와 마늘은 볶는다.
4. ③에 다진 토마토와 물을 붓고 소금과 바질을 넣어 약불에서 5분간 끓인다.

02 씨겨자마요네즈 소스

저지방 마요네즈에 톡톡 씹히는 맛이 좋은 씨겨자를 넣어 상큼하게 먹을 수 있다. 씨겨자는 프렌치 머스터드보다 시큼하지만 인공적인 가미를 하지 않아서 개운하고 일반 마요네즈에 비해 풍미가 떨어지는 저지방 마요네즈의 맛을 보완해 준다. 샌드위치 만들 때 빵에 바르거나 고기를 구울 때 표면에 발라도 좋다.

▷ **재료**(225g)
씨겨자 · 저지방 마요네즈 · 올리고당 5큰술씩

▷ **이렇게 만드세요**
1. 볼에 분량의 재료를 모두 넣고 고루 섞는다.

오렌지 드레싱 크림 소스

03 오렌지 드레싱

자칫 느끼할 수 있는 마요네즈에 오렌지주스를 넣고 농도를 묽게 해 여러 가지 요리에 활용하기 좋은 드레싱. 오렌지의 상큼함이 살아나 채소 샐러드는 물론 해산물샐러드에도 잘 어울린다.

▷ **재료**(230g)
  저지방 마요네즈 · 오렌지주스(무가당) 6큰술씩, 올리고당 3큰술, 머스터드 1과 1/2작은술, 레몬즙 약간

▷ **이렇게 만드세요**
  1. 볼에 분량의 재료를 모두 넣고 고루 섞는다.

04 크림 소스

우유와 달걀노른자, 동물성 생크림으로 만든 크림 소스는 칼로리가 높아 부담스럽다. 저지방 우유와 지방 함량을 줄인 식물성 저지방 생크림을 섞어 칼로리를 확 낮춘 크림 소스를 만든다. 크림파스타의 기본 소스로 단호박파스타, 로제파스타 등에도 활용할 수 있다.

▷ **재료**(400g)
  저지방 우유 260ml, 식물성 저지방 생크림 140ml

▷ **이렇게 만드세요**
  1. 저지방 우유와 식물성 생크림을 볼에 담아 고루 섞는다.

간장 드레싱   발사믹 소스

05   간장 드레싱

한국 사람들이 가장 좋아하는 오리엔탈 드레싱. 건강을 위해 샐러드를 자주 식탁에 올려도 올리브유, 마요네즈 등 무거운 소스를 듬뿍 먹으면 칼로리가 높아진다. 간장 드레싱은 칼로리가 낮고 맛이 담백해 채소나 닭가슴살, 버섯 등 어떤 재료와도 잘 어울린다.

▷ **재료**(205g)

양파 20g, 올리고당 6큰술, 물 4큰술, 간장 2큰술, 식초 1작은술

▷ **이렇게 만드세요**

1. 양파는 칼로 곱게 다진다.
2. 볼에 양파와 나머지 재료를 모두 넣고 고루 섞는다.

06   발사믹 소스

발사믹식초는 대표적인 이탤리언 드레싱. 새콤달콤해 과일과 채소의 맛을 더욱 풍부하게 해 준다. 발사믹식초를 졸인 발사믹 소스는 풍미가 깊어 채소는 물론 고기 요리 등 활용 범위가 넓다.

▷ **재료**(250~260g)

발사믹식초 750ml, 올리고당 1과 1/2큰술

▷ **이렇게 만드세요**

1. 냄비에 발사믹식초와 올리고당을 넣고 약불에서 주걱으로 저어가며 농도가 날 때까지 1시간 정도 졸인다.

바질페스토 소스   카레머스터드 소스

07 바질페스토 소스

가열하지 않고 만드는 소스로 바질의 알싸한 향이 일품이다. 신선한 바질과 견과류 등을 갈아 소스를 만들어 두었다가 파스타, 피자, 샐러드 등에 사용한다. 페스토 소스는 열을 가하면 향이 파괴되므로 재빨리 조리한다.

▷ **재료**(230g)

올리브유 100g, 생바질 · 잣 · 호두 33g씩, 파르메산 치즈 20g, 마늘 2/3톨, 소금 약간

▷ **이렇게 만드세요**

1. 견과류는 기름을 두르지 않고 달군 팬에 굽는다.
2. 믹서에 모든 재료를 넣고 곱게 간다.

08 카레머스터드 소스

맛이 쌉쌀해 주로 육류 요리에 곁들인다. 보통 물이나 식초에 머스터드를 섞는데, 저지방 마요네즈와 혼합하면 맛이 부드러워 샐러드 소스로 잘 어울린다.

▷ **재료**(220g)

저지방 마요네즈 8큰술, 올리고당 4큰술, 머스터드 1큰술, 카레가루 1/2작은술, 후춧가루 약간

▷ **이렇게 만드세요**

1. 볼에 모든 재료를 넣고 고루 섞는다.

DR. ROBBIN의
다이어트 수다

01
밉상 덩어리 뱃살의 비밀

살이 찌면 가장 먼저 배가 나오고 열심히 다이어트를 해도 뱃살이 가장 나중에 빠지는 이유가 뭘까? 세상의 모든 척추동물은 뼈로 자신의 신체기관을 보호하는데 복부는 그대로 드러나 있다. 그래서 동물들은 가장 취약한 복부를 보호하기 위해 배를 바닥 쪽으로 두고 기어 다닌다. 우리 몸도 마찬가지다. 살이 찌기 시작하면 먼저 자신의 가장 취약한 부분인 복부를 보호하려고 한다. 결국 지방으로 복부를 보호하게 돼 배가 나오는 것이다. 반대로 살이 빠지더라도 약한 부분을 끝까지 지키려 하기 때문에 뱃살이 가장 나중에 빠진다. 다이어트를 할 때 몸무게는 현저하게 줄어도 뱃살은 그대로인 이유다.

02
과일은 다이어트의 적

포도, 사과, 바나나 등을 이용한 원푸드 다이어트를 하거나, 밥 대신 수분과 비타민이 풍부한 과일을 먹는 여성이 많다. 하지만 과일만 먹으면서 살을 빼는 건 절대 금물이다. 과일은 비타민과 각종 섬유소가 풍부하지만 그만큼 당분도 많다. 특히 포도처럼 체내에서 쉽게 당질로 바뀌는 탄수화물 중심 과일은 많이 먹으면 설탕처럼 흡수되어 혈당을 증가시키고, 결국 단백질이 부족해 체내에서 근육을 분해해 단백질을 보충한다. 즉, 지방보다 근육이 빠지게 되는 것이다. 당 축적률이 높은 밤 11시 이후에는 포도, 파인애플, 바나나 등 혈당지수가 높은 식품은 삼가고 식사 대용으로 과일을 먹지 않는다. 사과, 배, 레몬, 자몽, 귤처럼 신맛이 나는 과일이 단맛이 나는 과일보다 혈당지수가 낮다.

03
갈비를 먹은 뒤 냉면을 먹어야 하는 이유

갈비를 배부르게 먹었는데도 반드시 냉면을 먹어야 제대로 먹은 것 같은 기분이 들 때가 많다. 분명히 포만감이 느껴지는데 왜 냉면이 당기는 걸까? 그 이유는 바로 우리 유전자에 있다. "식욕을 이기면 죽음을 이긴다"라는 말이 있다. 우리 유전자는 먹는 족족 저축하는 유전자로 진화해 8천 년 전 농경생활이 시작되면서 곡물을 다량 섭취하게 되고 강력한 탄수화물 중독에 이른 것. 탄수화물 식품이나 매운 음식에는 고통을 이기게 할 만큼 강력한 엔도르핀이 들어 있어 뱃속에서 다 먹었다는 신호를 보내도 탄수화물을 섭취하지 않았기 때문에 벨트를 풀고서라도 냉면을 먹어야 하는 것이다.

04
예민한 게 축복! 생김새가 다르듯 먹는 음식도 달라야 한다

임신 중에 유독 당기는 음식은 아기가 부족하다고 느끼는 영양소를 함유한 식품이다. 반대로 입덧은 아이가 원하지 않는 것을 먹었을 때 나타나는 자연스러운 현상이다. 입덧을 많이 한 임신부가 낳은 아이는 예민하지만 자신의 건강에 해롭거나 과부하된 것을 알아차리고 거부하기 때문에 오히려 건강하다는 이야기도 있다. 이렇듯 특정 음식에 대해 알레르기 반응이 있다면 축복으로 받아들이자. 알레르기 반응은 자신의 몸과 해당 음식의 궁합이 맞지 않는다는 의미다. 슈퍼푸드로 각광받는 토마토나 브로콜리도 몸에 맞지 않는다면 과감히 중단한다. 현대인들은 너무 많은 재료를 한꺼번에 섭취하기 때문에 궁합이 맞지 않는 음식을 알아차리기가 힘들다. 한 가지 반찬을 만들 때는 재료를 2~3가지로 제한하는 것이 좋다.

05
채식 동물은 고기를 먹으면 죽는다!

사람이나 동물은 자신의 유전자와 체질에 맞는 식사를 해야 건강하게 오래 살 수 있다. 육식 동물은 한 번의 사냥으로 오랜 기간 생명을 이어갈 에너지와 영양분을 섭취하는데, 사냥하는 즉시 목으로 넘어갈 정도로만 씹어 삼키며 빨리 먹는다. 먹이를 잡으면 폭식하고 대신 먹이가 없을 때는 일주일 내내 쫄쫄 굶기도 한다. 그래서 철분과 산소 공급에 좋은 다른 동물의 내장을 먼저 꺼내 먹는 것이다.

반면에 채식 동물은 풀만 먹기 때문에 천천히 오래 씹어 먹을 수 있도록 구강 구조가 길다. 사람도 자신의 유전자와 체질에 맞게 먹고 생활해야 한다. 특정 음식을 먹었을 때 얼굴에 뽀루지가 생기면 몸에 맞지 않는 것이며, 배가 고플 때 초콜릿을 먹어도 허기가 지더니 마늘을 먹자 식욕이 떨어진다면 마늘이 자신의 몸에 맞는 음식이다.

06
탄수화물은 마약처럼 강력한 효과를 발휘한다

마라토너가 달리기를 할 때 극심한 고통을 느끼면 몸은 고통을 잊기 위해 스스로 엔도르핀을 분비하게되어 갑자기 다리도 아프지 않고 숨도 차지 않게 된다. 엔도르핀은 기분이 좋게 하는 대표적인 물질로 체내에서 분비되는 마약이라고 할 수 있다. 엔도르핀만큼 우리 몸을 기분 좋게 하는 성분이 바로 탄수화물이다. 특히 여자들은 생리 주기가 되면 세로토닌의 양이 현저히 떨어지는데, 이때 당분을 섭취하면 혈액 내 당의 농도가 높아져 대뇌의 포만감 중추를 자극해 만족감을 느끼게 된다. 여자들이 우울할 때 초콜릿이나 탄수화물을 찾는 이유다. 이런 심리적인 이유로 남자에 비해 여자가 단백질보다 탄수화물 식품을 더 많이 먹기 때문에 체지방이 늘어날 수밖에 없다.

07
다이어트를 원한다면 몸의 온도를 높여라

사람의 정상 체온은 36.5℃인데 성인 남녀 중 정상 체온을 가진 사람은 25%에 불과하다. 문제는 정상 체온보다 1℃가 내려가면 면역력은 30%, 기초 대사량은 12% 정도 감소한다는 점이다. 기초 대사량이 높아야 섭취한 음식물의 분해와 저장이 효과적으로 이루어져 건강에 도움이 된다. 우리가 섭취한 음식은 위와 장에서 소화 흡수되어 열로 바뀌는데, 이때 소화 흡수가 잘되게 돕고 체온 조절 중추를 직접 자극해 체온을 상승시키는 등 다양한 작용을 하는 것이 음식물이다. 평소 발열 효과가 있는 음식을 골라 먹고 규칙적인 운동으로 신진대사와 혈액순환에 도움을 주면 체온을 상승시킬 수 있다. 몸을 따뜻하게 하는 대표적인 음식으로는 부추, 파, 생강, 된장, 검은콩, 우엉, 연근 등이 있다. 반면 마요네즈, 백설탕, 콩나물, 오이 등은 몸을 차게 한다.

08
낙타가 물 한 모금 마시지 않고 사막을 건너는 이유

낙타의 등은 무엇으로 채워져 있을까? 올록볼록한 낙타의 등에는 물이 아니라 지방이 가득하다. 사막 횡단을 시작하기 전에는 컸던 낙타 등의 봉우리가 횡단 후에는 다 없어진다. 지방을 녹여 에너지를 얻기 때문이다. 지방을 녹이는 대사 과정에 많은 양의 물이 생산되기 때문에 따로 물을 마시지 않아도 된다. 사람도 낙타처럼 지방 대사 시스템이 발달되어 있다면 먹는 족족 살이 찔까 두려할 필요가 없을 것이다.

09
단백질보다 가벼운 지방을 빼기 힘들다

단백질은 지방보다 무거워 다이어트를 할 때 단백질을 빼면 눈에 띄게 살이 빠져 보이는 효과를 볼 수 있다. 하지만 단백질이 빠지면 피부가 순식간에 늙고 쪼글쪼글해져 탄력이 떨어지고 건강에 해롭다. 체중은 많이 줄일 수 있지만 몸매는 밋밋해지고 체지방은 그대로 남는 결과를 낳는다. 반면 지방은 물에 뜰 정도로 가벼운 기름처럼 매우 가벼워 많은 양이 빠져도 몸무게에 큰 변화가 없다. 그러나 단백질이 남아 있기 때문에 체중은 크게 줄지 않아도 허리가 가늘어지면서 아랫배가 들어가는 현상을 스스로 느끼게 된다. 가벼운 지방을 빼는 것이야말로 진정한 의미의 비만 해결이라고 볼 수 있다.

DIET FOOD
DR. ROBBIN

저칼로리 요리는 흔히 알고 있는 동일한 이름의 다른 요리보다 칼로리를 50 Kcal 이상 줄인 음식입니다. 칼로리는 줄이되 천연 재료를 활용해 맛과 풍미를 살렸습니다.

단백질 요리는 식물성 단백질 위주로 식단을 구성한 메뉴입니다. 두부, 콩, 달걀 등 콜레스테롤 함량이 낮은 재료를 맛있게 먹을 수 있는 방법을 제안했습니다. 특히 기름에 볶기보다는 데치거나 다른 채소와 곁들여 먹는 등 조리법을 통해 칼로리를 최소화했습니다.

채식 요리는 비타민과 섬유질이 풍부한 음식입니다. 채소와 버섯 등 식이섬유가 많이 함유된 재료를 사용했습니다. 채소와 함께 양질의 단백질을 함께 섭취하게 해 영양 균형을 맞췄습니다.

저지방 요리는 식재료 선정부터 조리 방법까지 지방 섭취를 최소화한 메뉴입니다. 저지방 우유, 식물성 생크림 등 저지방 재료를 선택해 지방 섭취를 최대한 줄였습니다.

비타민 요리는 혈당지수는 낮으면서 비타민 섭취에 도움이 되는 요리입니다. 모든 채소와 과일이 다이어트에 도움이 되는 것은 아니므로 토마토, 파프리카, 브로콜리, 양배추 등 당분이 낮은 채소를 맛있게 먹을 수 있는 방법을 제안했습니다.

저탄수화물 요리는 탄수화물 함량을 대폭 줄이고 비타민과 식이섬유를 풍부하게 섭취할 수 있도록 했습니다. 피자, 밥 등 대표적인 탄수화물 요리를 보다 가볍게 즐길 수 있습니다.

슬리밍 레시피

굶거나 절식하는 다이어트는 오래 지속할 수 없을 뿐 아니라 건강까지 해칩니다. 흔히 칼로리가 높다고 말하는 피자나 파스타도 어떻게 조리하느냐에 따라 가벼운 음식이 됩니다. 건강한 다이어트 요리로 먹고 싶은 음식을 마음껏 먹으면서 즐겁게 다이어트를 해 보세요. 칼로리는 쏙 빼고 재료의 풍미를 살린 슬리밍 레시피를 제안합니다.

PART
2

SALAD

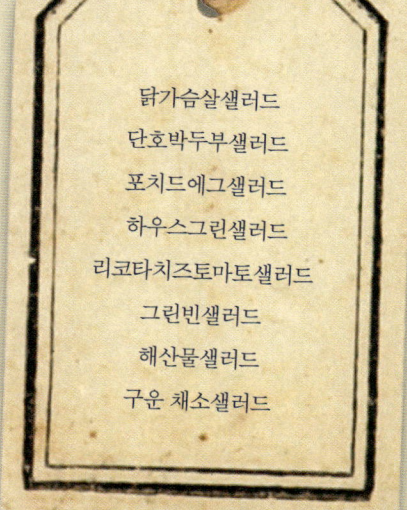

닭가슴살샐러드
단호박두부샐러드
포치드에그샐러드
하우스그린샐러드
리코타치즈토마토샐러드
그린빈샐러드
해산물샐러드
구운 채소샐러드

샐러드는 건강과 다이어트에 꼭 필요한 음식이다. 신선한 채소를 구입하는 것만큼 그 맛과 영양을 살려 줄 드레싱을 고르는 것 또한 중요하다. 몸에 좋은 샐러드라도 지방 함량이 높은 소스에 버무리면 칼로리가 높아지고 맛도 강해지게 되기 때문이다. 과일과 올리브유 등을 이용해 만든 소스는 칼로리는 낮으면서 채소의 맛과 향은 잘 살려 준다. 재료와 궁합이 맞는 건강한 소스를 더한 다이어트 샐러드를 즐겨보자.

닭가슴살샐러드

대표적인 다이어트 식재료인 닭가슴살로 만든 저
칼로리 단백질 메뉴. 한 끼 식사를 대신할 수 있
는 샐러드로, 간장 드레싱이 닭고기를 부드럽게
하고 담백한 맛을 살린다. 비타민과 엽산이 풍부
한 시금치를 활용해 영양의 균형을 맞췄으며 고
소하고 아삭아삭 씹는 식감이 일품이다.

재료

닭가슴살	100g
시금치	50g
마늘	4톨
방울토마토	2개
올리브유 · 소금 · 후춧가루	약간씩

<간장 드레싱>

올리고당	3큰술
물	2큰술
간장	1큰술
식초	1/2작은술
양파	10g

이렇게 만드세요

1. 시금치는 잎만 떼서 씻은 뒤 얼음물에 담갔다가 체
   에 밭쳐 물기를 제거한다. 방울토마토는 4등분한다.
2. 닭가슴살은 끓는 물에 소금을 약간 넣고 삶아 한김
   식힌 뒤 결대로 찢는다.
3. 마늘은 슬라이스해 달군 팬에 올리브유를 두르고 소
   금, 후춧가루를 넣어 볶는다.
4. 간장 소스 재료는 믹서에 모두 넣고 곱게 간다.
5. 볼에 시금치, 닭가슴살, 방울토마토, 마늘을 담고 간
   장 소스를 뿌려 가볍게 버무린다.

TIP
닭가슴살을 삶을 때 양파,
마늘, 파 등 향신 재료를
함께 넣으면 유효성분이
스며들어 맛과 향이 좋아
질 뿐아니라 소금을 적게
사용할 수 있다.

5

단호박두부샐러드

채소에 두부를 넣어 단백질을 더하면 영양 균형을 맞출 수 있다. 단
호박을 껍질째 사용해 탄수화물 섭취를 줄였고 섬유질을 풍부하게
먹을 수 있다. 단호박은 4등분해 접시에 1조각씩 담고 샐러드를 올
려 각각 세팅하면 좋다.

재료

단호박	250g
두부	100g
샐러드 채소(양상추 · 라디치오 · 비타민 · 겨자잎)	60g
어린잎 채소	8g
방울토마토	2개
간장 드레싱 · 발사믹 소스(만드는 법 P51 참고)	적당량씩
파슬리가루	약간

TIP
두부를 만드는 과정에서 콩의 비타
민 B$_1$이 손실되기 때문에 샐러드 채
소와 함께 먹으면 손실된 비타민을
보완할 수 있다.

이렇게 만드세요

1. 단호박은 4등분해 속을 파내고 비닐팩에 담은 뒤 물을 뿌리고 전자레인
   지에 10분간 익힌다.
2. 두부는 깍둑 썰어 기름을 두르지 않은 팬에 앞뒤로 노릇하게 굽는다.
3. 샐러드 채소와 어린잎 채소는 물에 씻은 뒤 체에 밭쳐 물기를 제거하고
   먹기 좋게 뜯는다.
4. 접시 한쪽에 단호박을 담고 두부를 올린 뒤 간장 드레싱을 뿌린다. 다른
   쪽에 샐러드 채소와 2등분한 방울토마토, 어린잎 채소를 담고 발사믹 소
   스를 뿌린 뒤 파슬리가루로 장식한다.

포치드에그샐러드

데친 달걀로 조리과정을 최소화했다. 달걀을 데치면 삶은 것보다
부드러워 식감이 좋고 원하는 상태로 익힐 수 있어 아이들도 맛있게
먹는다. 저지방 마요네즈를 사용해 칼로리의 부담을 줄였다.

재료

달걀 · 잡곡식빵	1개씩
방울토마토	2개
샐러드 채소 (양상추 · 겨자잎 · 비타민)	20g
식초 · 소금	약간씩

TIP

달걀은 동물성 단백질이지만 칼
로리가 낮아 다이어트에 도움이
된다. 단, 프라이처럼 지방이나
나트륨 섭취를 증가시키는 조리
법 대신 삶거나 데쳐 먹는다.

<카레머스터드 소스>

저지방 마요네즈	4작은술
올리고당	2작은술
머스터드	1/2작은술
카레가루 · 후춧가루	약간씩

이렇게 만드세요

1. 식빵은 1cm 크기로 썰어 팬에 노릇하게 굽는다.

2. 냄비에 달걀이 잠길 정도의 물을 붓고 식초와 소금을 넣어 끓인다. 물이
   끓어오르면 약불로 줄인 뒤 국자에 달걀을 깨서 담아 풀어지지 않도록 조
   심해서 떨어뜨린다. 달걀이 반쯤 떠오르면 국자를 양손으로 쥐고 달걀을
   모아 건진 뒤 찬물에 식힌다.

3. 분량의 재료를 고루 섞어 카레머스터드 소스를 만든다. 접시에 씻은 샐
   러드 채소와 2등분한 방울토마토, ②의 포치드에그를 담고 카레머스터드
   소스를 뿌린다.

하우스그린샐러드

상큼하게 입맛을 돋우는 기본 샐러드. 저지방 마요네즈와 오렌지주스를 더해 산뜻한 맛을 낸다. 구운 파프리카는 식감이 부드러워 샐러드 채소와 잘 어울린다. 오렌지나 키위 등 냉장고에 있는 과일을 곁들여 다양하게 먹는다.

재료

샐러드 채소(양상추 · 청경채 · 비타민 · 겨자잎)	100g
빨간 파프리카 · 노란 파프리카 · 오이	1/3개씩
방울토마토	2개
비트	8g
오렌지	2조각
올리브유 · 소금 · 후춧가루	약간씩

<오렌지 드레싱>

저지방 마요네즈 · 무가당 오렌지주스	2큰술씩
올리고당	1큰술
머스터드	1/2작은술
레몬즙	약간

TIP 오렌지나 사과, 키위 등 과일로 샐러드를 만들 때 저지방 마요네즈를 사용하면 칼로리 걱정을 줄일 수 있다.

이렇게 만드세요

1. 샐러드 채소는 씻어 얼음물에 담갔다가 체에 밭쳐 물기를 뺀다. 오렌지는 속껍질을 벗긴 뒤 과육만 도려내고, 비트는 필러로 얇게 썬다. 오이는 어슷 썬다. 방울토마토는 2등분을 한다.
2. 파프리카는 석쇠에 올려 앞뒤로 구운 뒤 찬물에 담가 껍질을 벗기고 물기를 제거한 뒤 먹기 좋게 채 썬다. 올리브유, 소금, 후춧가루로 무친다.
3. 분량의 재료를 고루 섞어 오렌지 드레싱을 만든다. 접시에 샐러드 채소, 오렌지, 비트, 방울토마토, 파프리카를 담고 오렌지 드레싱을 끼얹는다.

1   2   3

저지방 요리
비타민 요리

1

2

3

4

리코타치즈토마토샐러드

저지방 우유와 라씨로 만든 홈메이드 치즈를 사용한 샐러드. 다른 치즈보다 지방과 칼로리 함량이 적다. 토마토와 잘 어울리는 바질페스토 소스를 곁들인 요리로 일반 드레싱에 비해 음식의 소화 촉진을 돕고 혈당 수치를 낮추는 효과가 있다. 재료를 차갑게 준비해야 치즈 특유의 부드러운 식감을 느낄 수 있다.

재료

토마토	1개
생바질	10g

리코타 치즈

저지방 우유 500ml, 라씨(만드는 법 P172 참고)	250ml
레몬	1/2개
소금	1/2작은술

<바질페스토 소스>

올리브유	30g
생바질 · 잣 · 호두	10g씩
파르메산 치즈	6g
마늘 · 소금	약간씩

TIP
리코타 치즈는 다른 치즈에 비해 칼로리와 지방 함량이 낮다. 생크림을 사용하지 않고 담백한 맛을 냈다.

이렇게 만드세요

1. 바질은 얼음물에 담갔다가 잎만 뗀다. 토마토는 꼭지를 떼고 반달 모양으로 썬다.
2. 분량의 재료를 믹서에 갈아 페스토 소스를 만든다.
3. 냄비에 저지방 우유, 라씨를 담아 약불에서 끓인다. 가장자리에 몽글몽글 거품이 일면 소금과 레몬즙을 넣고 젓는다.
4. 체에 면포를 깔고 ③을 부어 두부를 짜듯 면포를 뭉쳐 물기를 제거한 뒤 냉장고에서 5시간 동안 굳힌다. 유청을 제거하는 양에 따라 굳는 정도가 다르므로 기호에 따라 부드럽게 또는 되직하게 만든다.
5. 굳은 치즈를 먹기 좋게 썰어 토마토, 생바질과 함께 담고 바질페스토 소스를 뿌린다.

그린빈샐러드

데친 그린빈을 활용해 칼로리를 낮춘 콩샐러드. 껍질째 먹는 그린빈은 비타민 K와 A, C가 풍부해 쉽게 포만감을 줘 다이어트에 효과적이다. 새콤달콤한 키위 소스로 콩 비린내를 잡고 아삭거리는 식감도 살렸다.

재료

그린빈 · 샐러드 채소(양상추 · 청경채 · 비타민 · 겨자잎)	60g씩
베이컨	10g
올리브유 · 소금 · 후춧가루	약간씩

<키위 드레싱>

골드키위	1개
양파	25g
올리고당	2작은술
올리브유 · 화이트와인식초	1작은술씩
소금 · 후춧가루	약간씩

이렇게 만드세요

1. 그린빈은 끓는 물에 데쳐 물기를 제거한 뒤 팬에 올리브유를 살짝 뿌리고 소금, 후춧가루로 간해 볶는다.

2. 베이컨은 1.5cm 크기로 잘라 끓는 물에 데쳐 물기를 빼고 달군 팬에 앞뒤로 구운 뒤 키친타월로 가볍게 눌러 기름기를 뺀다.

3. 분량의 재료를 믹서에 넣고 갈아 드레싱을 만든다. 접시에 그린빈을 담고 베이컨을 뿌린 다음 한쪽에 씻은 샐러드 채소를 담고 키위 드레싱을 끼얹는다.

> **TIP**
> 그린빈은 소금을 넣지않은 끓는 물에 데친다. 소금에 열이 가해지면 영양성분이 손실될 수 있기 때문.

1   2   3

해산물샐러드

일품요리로도 손색없는 해산물샐러드. 지방 연소 효과가 뛰어난 해산물과 신진대사 기능을 증가시키는 요오드가 풍부한 해초를 넣어 부담 없이 먹을 수 있다. 레몬 드레싱이 해산물 특유의 잡내를 잡고 상큼한 맛을 더해 준다. 미네랄과 칼륨이 풍부한 해초를 듬뿍 넣어 다이어트를 할 때 부족한 영양분을 섭취할 수 있다.

재료

오징어(몸통)	1/3마리	<레몬 드레싱>	
홍합 · 대하	4개씩	레몬	1개
새끼 갑오징어	3마리	올리고당	2큰술
샐러드 채소	80g	화이트와인식초	2작은술
해초	20g	올리브유	1작은술
블랙 올리브	3알		

이렇게 만드세요

1. 오징어는 내장을 제거하고 껍질을 벗긴 뒤 링 모양으로 썬다. 대하는 소금물에 살살 씻어 껍질과 내장을 제거한다. 새끼 갑오징어는 머리를 가르고 깨끗이 씻는다.

2. 홍합은 흐르는 물에 서로 비벼가며 씻은 뒤 수염을 떼어낸다.

3. 해초는 물에 담가 소금기를 제거한 뒤 끓는 물에 살짝 데친다.

TIP 가열하지 않은 식물성 유지인 올리브유를 소스에 넣으면 각종 비타민 성분이 포함된 양질의 기름을 고스란히 섭취할 수 있다

4. 레몬은 깨끗이 씻어 노란 껍질은 강판에 갈아 제스트를 만들고 과육은 즙을 짜 올리고당, 화이트와인식초, 올리브유와 섞어 드레싱을 만든다.

5. 냄비에 해산물과 ④의 즙을 짜고 남은 레몬을 담고 물 3컵을 부어 끓인다. 홍합의 입이 벌어지고 갑오징어가 우윳빛으로 변하면 체에 건져 식힌다.

6. 볼에 데친 해산물과 해초, 씻은 샐러드 채소, 링으로 썬 올리브를 담고 레몬 드레싱을 뿌려 고루 섞은 뒤 슬라이스한 레몬으로 장식한다.

DR. ROBBIN'S COMMENT

채식 요리

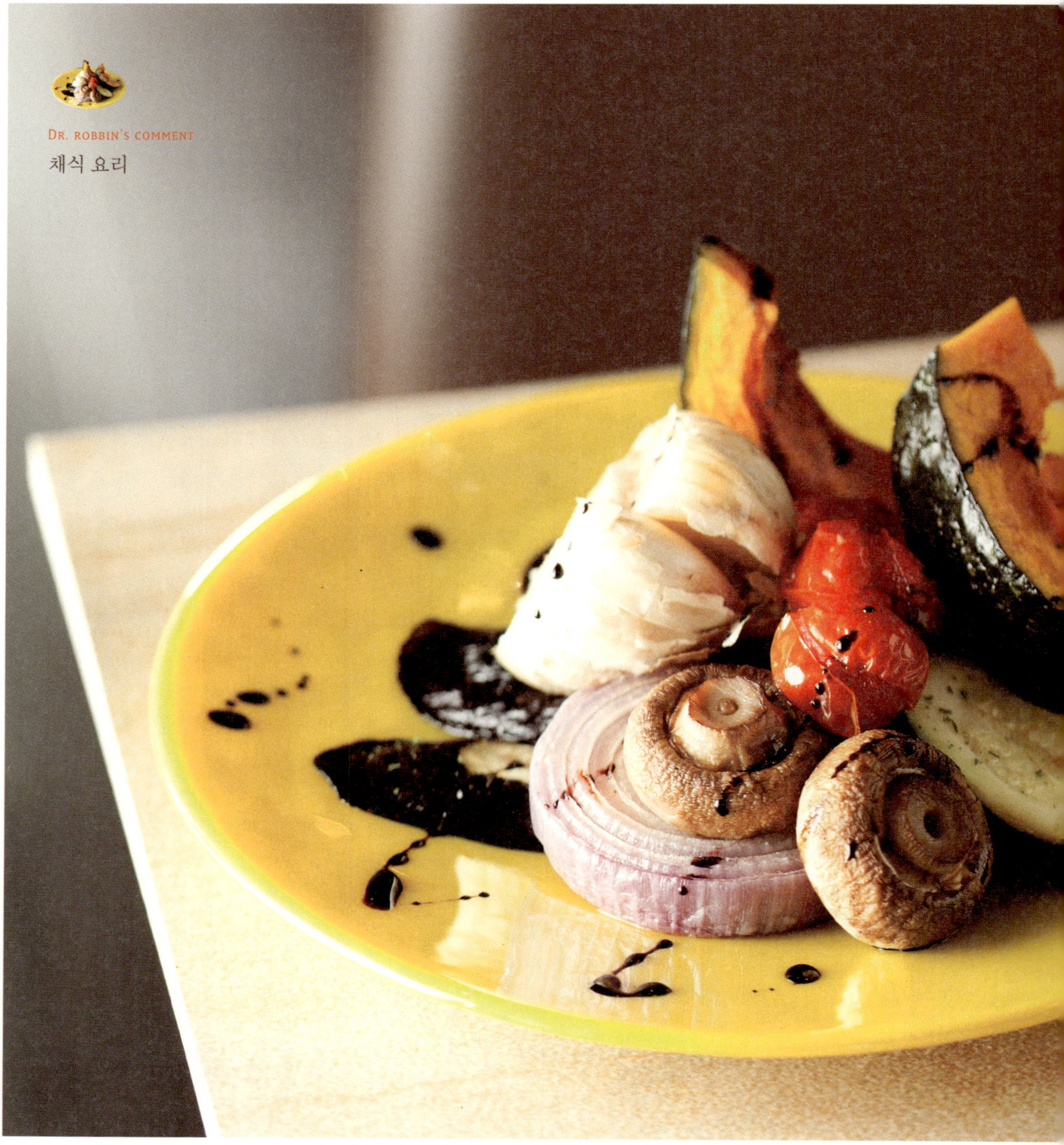

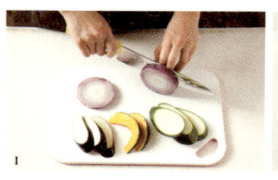

1

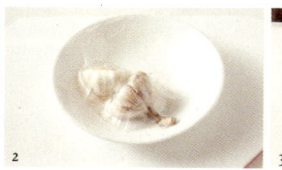

2

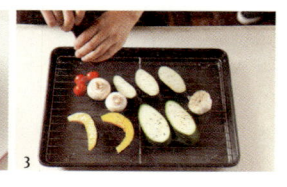

3

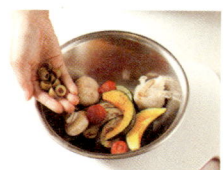

4

구운 채소샐러드

버섯은 열량이 적은 고단백식품이라 고기 대신 사용할 수 있는 재료다. 채소 역시 수분이 풍부하고 칼로리가 적어 다이어트를 할 때 최고의 식품이다. 올리고당과 발사믹식초를 졸인 소스를 넣어 구운 채소의 식감을 더욱 부드럽게 했다.

재료

양송이버섯	3개
그린 올리브	2알
마늘	1통
적양파	1/2개
주키니호박 · 가지	1/3개씩
단호박	1/8개
올리브유 · 소금 · 후춧가루 · 로즈메리	약간씩
발사믹 소스(만드는 법 P51 참고)	3큰술

이렇게 만드세요

1. 주키니호박과 가지는 1cm 두께로 어슷 썬다. 양파와 단호박도 같은 두께로 슬라이스한다.
2. 마늘은 밑동을 자르고 볼에 담아 물을 뿌린 뒤 전자레인지에 3분간 가열한다.

TIP 지용성 비타민이 풍부한 호박 등은 올리브유에 구우면 지용성 비타민의 흡수율을 높일 수 있다.

3. 오븐 팬에 주키니호박, 가지, 양파, 단호박, 마늘을 올린 뒤 올리브유와 로즈메리를 뿌리고 소금, 후춧가루로 간해 180℃로 예열한 오븐에 20분간 굽는다.
4. 구운 채소와 반으로 자른 올리브를 그릇에 담고 발사믹 소스를 뿌린다.

SOUP

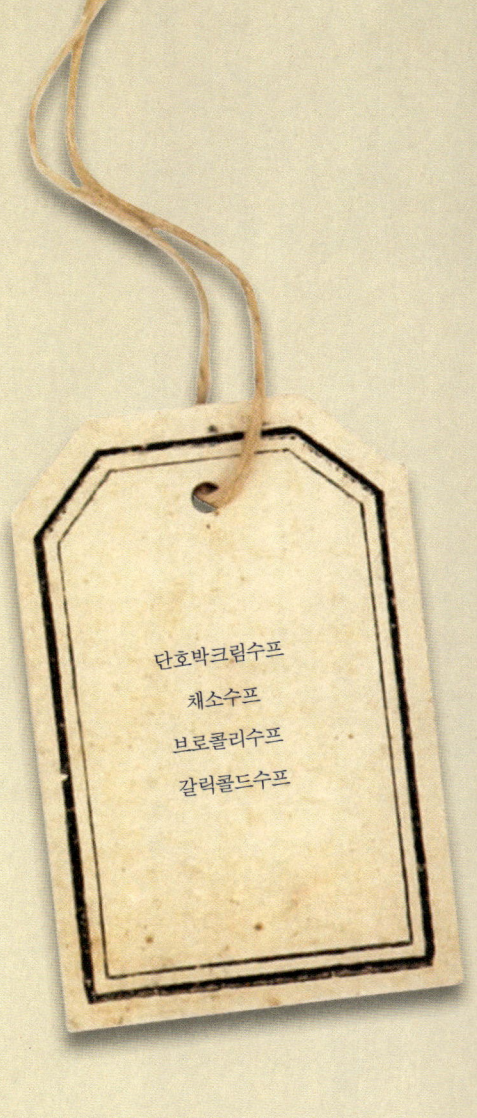

단호박크림수프

채소수프

브로콜리수프

갈릭콜드수프

부드러운 수프는 애피타이저나 환자식으로 환영받는 음식이다. 수프는 버터와 밀가루, 생크림을 듬뿍 넣어야 맛있는 메뉴. 다이어트와는 거리가 먼 음식이지만 이 책에서는 지방 함량을 대폭 낮추었으며 버터, 밀가루를 사용하지 않고 만들 수 있는 방법을 제안한다. 펙틴과 섬유질이 풍부한 호박껍질까지 먹을 수 있는 단호박수프, 버섯과 채소의 감칠맛을 살린 채소수프 등 건강한 메뉴만 담았다.

단호박크림수프

단호박의 풍부한 비타민과 무기질을 그대로 맛볼 수 있는 요리다. 단호박은 부기를 빼는 효능이 있어 다이어트에 알맞은 식재료. 일반적으로 수프를 끓일 때 버터와 밀가루를 많이 사용하는데 단호박과 지방 함량을 대폭 줄인 식물성 크림을 활용해 깊은 맛을 냈다. 일반 수프보다 농도가 묽어 단호박 속과 같이 떠 먹으면 맛있다.

재료

단호박 | 1개(1kg)

크림 소스(만드는 법 P49 참고) 300g

소금 · 후춧가루 · 파슬리가루 약간씩

TIP
단호박껍질에는 식이섬유가 풍부해 껍질까지 섭취하면 다이어트와 미용에 효과적이다.

<단호박퓨레>

슬라이스한 단호박 | 100g

물 | 100ml

올리고당 | 4큰술

소금 | 약간

이렇게 만드세요

1. 단호박은 전자레인지에 3분간 익혀 윗면을 자르고 숟가락으로 속을 파낸 다음 비닐팩에 담아 전자레인지에 다시 15분간 익힌다.
2. 냄비에 퓨레 재료를 넣고 센 불에 올려 끓기 시작하면 약불로 줄인 뒤 10분간 졸인다. 한김 식혀 믹서에 곱게 갈아 퓨레를 만든다.
3. 냄비에 ②와 크림 소스, 소금, 후춧가루를 넣고 불에 올려 파르르 끓으면 ①의 단호박 통에 붓고, 파슬리가루를 뿌린다.

채소수프

아침 식사나 다이어트 음식으로 좋은 서양식 수프. 완숙 토마토로 만들어 인공적인 재료를 넣지 않아 맛이 담백하다. 농도를 진하게 해 파스타 소스로 활용해도 좋다. 토마토는 빨갛게 익으면 리코펜, 베타카로틴 등의 항산화물질이 풍부해지므로 잡곡빵 등과 곁들여 먹으면 건강한 한 끼 식사로 충분하다.

재료

완숙 토마토	250g	마늘	1톨
물	400ml	생바질	2장
감자	50g	올리브유	1큰술
당근 · 양파 · 피망	40g씩	파르메산 치즈 · 고형 치킨스톡	1작은술씩
양송이버섯	2개	소금	1/2작은술

이렇게 만드세요

1. 토마토는 꼭지를 도려내고 앞부분에 십자로 칼집을 넣어 끓는 물에 살짝 데친 다음 껍질을 벗기고 칼로 굵게 다진다.

2. 감자와 당근은 사방 1.5cm 크기로 깍둑 썰고, 양파와 피망은 사방 2.5cm 크기로 깍둑 썬다. 양송이버섯은 4등분하고, 마늘은 슬라이스한다.

3. 달군 팬에 올리브유를 두르고 마늘을 먼저 볶아 향을 낸 뒤 감자와 당근을 넣어 볶는다. 당근 색이 변하면 양파, 피망, 양송이버섯을 넣고 볶는다.

4. ③에 다진 토마토를 넣고 물을 부은 뒤 소금, 바질, 치킨스톡을 넣어 끓인다. 파르르 끓으면 약불로 줄여 채소가 익을 때까지 뭉근하게 15분 정도 끓인 다음 불을 끄고 파르메산 치즈를 넣는다.

TIP 토마토수프는 식이섬유인 펙틴이 풍부해 고기나 생선 등 기름진 음식과 함께 먹으면 위의 부담을 덜어 주고 변비에도 좋다.

브로콜리수프

브로콜리의 향긋한 풍미가 살아 있는 수프. 생크림 대신 식물성 저지방 생크림을 넣어 칼로리는 낮추고 부드러운 맛은 살렸다. 수프 만들 때 넣는 밀가루 대신 감자를 넣어 탄수화물 섭취량을 줄였다.

재료

브로콜리	250g
양파 · 저지방 슬라이스 치즈	1개씩
감자	1/2개
물 · 크림 소스(만드는 법 P49 참고)	400ml씩
소금	1작은술
후춧가루	1/2작은술
올리브유	약간

이렇게 만드세요

TIP 강한 항산화작용을 하는 브로콜리를 갈아서 만들기 때문에 줄기까지 데쳐 활용하면 좋다.

1. 브로콜리는 송이째 잘라 끓는 물에 소금을 넣고 데친 뒤 얼음물에 담갔다가 체에 밭쳐 물기를 뺀다.
2. 양파와 감자는 껍질을 벗기고 얇게 채 썬다.
3. 달군 팬에 올리브유를 두르고 양파를 먼저 볶다가 양파가 투명해지면 감자를 넣고 볶는다. 감자가 익으면 브로콜리와 물을 넣고 끓인 뒤 믹서에 간다.
4. ③을 냄비에 담고 크림 소스를 부어 끓이다 소금, 후춧가루로 간한 다음 저지방 슬라이스 치즈를 넣고 뭉근하게 끓인다.

갈릭콜드수프

버터와 밀가루를 넣어 걸쭉한 일반 수프와 달리 천연 재료의 맛을 살린 채소수프. 담백한 국물 맛이 돋보이는 메뉴로 뭉근히 끓여 6시간 이상 냉장 보관해 차게 먹어야 맛있다.

재료

슬라이스한 양파	120g
감자	100g
통마늘	50g
양송이버섯	25g
당근 · 양파	20g씩
월계수잎	1장
물	500ml
고형 치킨스톡	1/2개
올리브유 · 소금 · 후춧가루	약간씩

이렇게 만드세요

1. 감자, 당근, 양파는 사방 1.5cm 크기로 깍뚝 썬다. 양송이버섯은 4등분한다.
2. 달군 팬에 올리브유를 두르고 약불로 줄인 뒤 통마늘과 슬라이스한 양파를 넣어 양파가 갈색이 날 때까지 볶는다.
3. ②에 감자, 당근, 양파, 양송이버섯을 넣어 볶다가 월계수잎, 치킨스톡, 물을 넣고 끓인다. 재료가 끓어오르면 거품을 제거하고 소금, 후춧가루로 간해 20분간 뭉근하게 끓인 뒤 차게 식힌다.

TIP 혈당지수가 높은 감자와 양파는 함께 조리하면 당 지수를 떨어뜨리는 효과가 있다.

두툼한 빵에 기름진 토핑을 얹은 피자는 다이어트를 할 때 절대
먹지 말아야 할 대표 식품이다. 칼로리가 걱정되어 피자를 먹기
가 부담스러웠다면 두툼한 밀가루 도우 대신 탄수화물 함량을
대폭 줄인 홈메이드 피자를 만들어 보자. 시판 토르티야를 도우
로 활용한 썬 피자는 다이어트의 걱정 없이 먹을 수 있다.

PIZZA

스테이크피자
클래식피자
고구마피자
루콜라피자

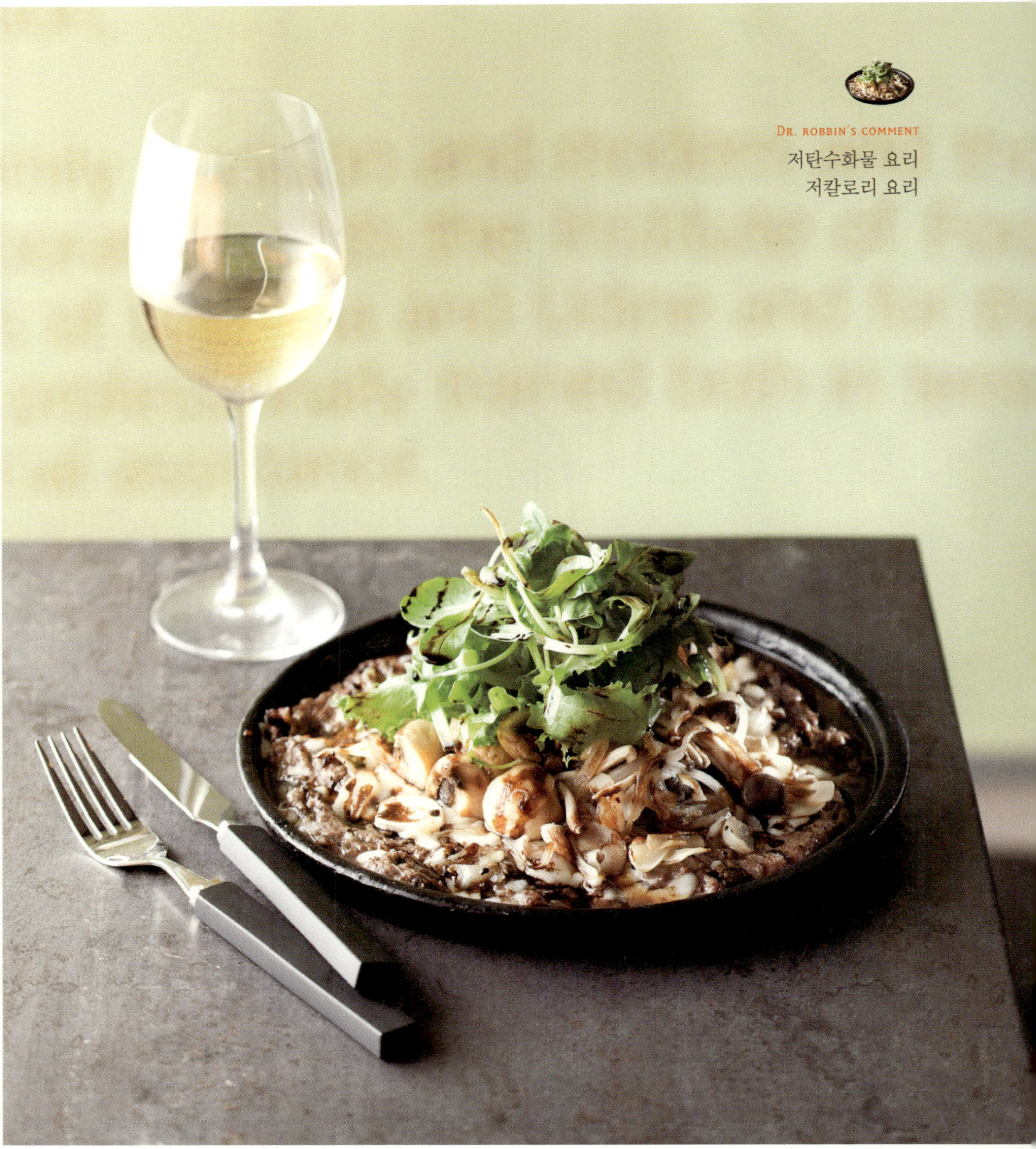

DR. ROBBIN'S COMMENT

저탄수화물 요리
저칼로리 요리

1

2

3

4

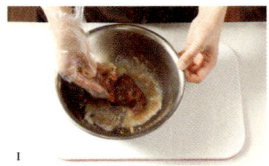

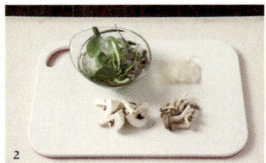

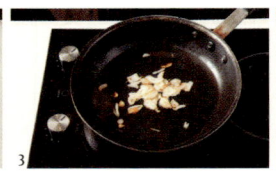

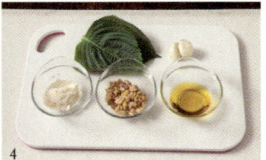

스테이크피자

탄수화물과 지방의 결합을 피하기 위해 개발한 메뉴. 얇게 썬 목살을 피자 도우로 활용한 이색 피자다. 두툼한 스테이크보다 칼로리가 적고 채소와 버섯을 듬뿍 넣어 부담 없이 먹을 수 있다. 달콤한 고기와 알싸한 맛을 내는 깻잎페스토 소스가 잘 어울린다.

재료

쇠고기(목살)	250g
양파	60g
모차렐라 치즈	50g
루콜라	40g
어린잎 채소 · 양송이버섯 · 느타리버섯	
	30g씩
마늘	10g
발사믹 소스(만드는 법 P51 참고)	적당량
소금 · 후춧가루 · 올리브유	약간씩

<깻잎페스토 소스>

올리브유	30g
깻잎	6g
호두 · 잣 · 파르메산 치즈	2g씩
소금 · 다진 마늘	약간씩

<고기 양념>

양파 · 배	40g씩
간장 · 올리고당	1큰술씩
다진 마늘	1작은술

이렇게 만드세요

1. 믹서에 고기 양념 재료를 모두 넣고 간 다음 불고기 두께로 썬 고기에 버무려 30분 이상 잰다.

2. 어린잎 채소와 루콜라는 씻어 물기를 제거한다. 양파는 채썬다. 양송이는 슬라이스하고 느타리는 찢는다.

3. 버섯과 양파는 달군 팬에 올리브유를 두르고 소금, 후춧가루를 뿌려 볶는다. 마늘은 슬라이스해서 노릇하게 튀긴다.

4. 믹서에 깻잎페스토 소스 재료를 모두 넣고 간다.

5. ①의 고기를 오븐 팬에 둥글게 깔고 230℃로 예열한 오븐에 3분간 구운 뒤 모차렐라 치즈를 얹고 다시 5분간 굽는다. 깻잎페스토 소스를 뿌린 뒤 볶은 버섯과 양파, 튀긴 마늘을 올린다. 루콜라와 어린잎 채소를 올리고 발사믹 소스를 뿌린다.

고기를 구울 때 양파를 넣으면 기름을 중화시키는 작용을 한다. 양파는 물에 오래 담그면 유효성분이 줄어들므로 썰어서 바로 볶는다. TIP

클래식피자

토르티야 위에 토마토 소스를 바르고 양념한 고기를 얹은 찐 피자. 어떤 채소나 고기를 넣어도 잘 어울려 냉장고 속 재료를 활용하기 좋다. 다양한 맛을 표현할 수 있는 기본 피자로 아이 간식으로 제격이다.

재료

토르티야(지름 10cm)	1장
토마토 소스(만드는 법 P47참고)	1큰술
쇠고기(간 것)·모차렐라 치즈	100g씩
양파	20g
청피망·홍피망	15g씩
표고버섯	5g

<고기 양념>

다진 양파·올리고당	1큰술씩
진간장	2작은술
다진 마늘	1작은술

이렇게 만드세요

1. 양파와 표고버섯은 채 썰고 피망은 모양을 살려 썬다.
2. 쇠고기는 양념을 넣고 조물조물 무친 뒤 달군 팬에 볶는다.
3. 토르티야 위에 토마토 소스를 바른다.
4. ③ 위에 모차렐라 치즈를 골고루 뿌린 뒤 볶은 쇠고기, 양파, 표고버섯, 피망을 얹고 다시 모차렐라 치즈를 뿌린다. 220℃로 예열한 오븐에 6분간 굽는다.

TIP

기본 피자로 어떤 토핑이나 잘 어울리지만 다이어트 효과를 높이려면 양파, 브로콜리, 피망, 애호박 등의 채소를 토핑한다.

고구마피자

고구마의 부드럽고 고소한 맛이 살아 있는 피자. 콜레스테롤을 조절하는 섬유소가 풍부한 고구마를 삶아서 무스를 만들어 다이어트에 효과적이다. 피자 도우를 얇게 만들어 탄수화물 함량을 줄였으므로 가볍고 맛있게 즐길 수 있다.

재료

토르티야(지름 10cm)	1장
방울토마토	3개
고구마	1/2개(100g)
모차렐라 치즈	90g
식물성 크림	30g
올리고당	20g
토마토 소스(만드는 법 P47참고)	1/4컵

이렇게 만드세요

TIP

고구마는 굽는 것보다 쪘을 때 식이섬유가 풍부하므로 쪄서 무스를 만든다. 지방 함량이 높은 고구마 무스를 가볍게 즐길 수 있는 방법.

1. 고구마는 씻어 찜통에 찐 뒤 껍질을 벗기고 으깬다. 여기에 식물성 크림과 올리고당을 넣고 잘 섞어 무스를 만든 뒤 짤주머니에 담는다.
2. 토르티야 위에 토마토 소스를 바른 뒤 모차렐라 치즈를 뿌린다.
3. ② 위에 고구마무스를 그물 모양으로 짠 다음 2등분한 토마토로 장식하고 220℃로 예열한 오븐에 6분간 굽는다.

루콜라피자

얇은 도우 위에 바질페스토 소스와 모차렐라 치즈만 얹어 담백하게 굽는다. 루콜라를 곁들여 비타민을 충분히 섭취할 수 있는 채식 메뉴. 쌉쌀하면서도 담백한 맛을 느낄 수 있는 건강 피자다.

재료

모차렐라 치즈	90g
루콜라	30g
방울토마토	3개
바질페스토 소스(만드는 법 P53참고)	1큰술
바질가루	약간
반죽	
: 강력분	100g
따뜻한 물	50g
소금 · 올리브유 · 올리고당 · 드라이이스트	1g씩

TIP 루콜라 대신 어린잎 채소, 로메인, 시금치 등을 올려도 된다. 잎의 색깔이 짙을수록 항산화 효과가 뛰어나다.

이렇게 만드세요

1. 밀가루 위에 구멍을 파고 소금, 올리브유, 올리고당, 드라이이스트를 서로 닿지 않도록 넣어 잘 섞는다.
2. ①에 물을 붓고 치대며 반죽해 표면이 매끄러워지면 둥글게 만든 뒤 볼에 담는다. 랩을 씌워 반죽이 1.5~2배가량 부풀 때까지 상온에서 2시간 정도 발효시킨다.
3. 발효된 반죽을 밀대로 얇게 민다.
4. ③의 반죽 위에 바질페스토 소스를 골고루 펴 바른다.
5. ④위에 모차렐라 치즈를 골고루 얹고 바질가루를 뿌린뒤 230℃로 예열한 오븐에 5분간 굽는다.
6. 완성된 피자를 먹기 좋게 자른 뒤 루콜라와 2등분한 방울토마토를 얹는다.

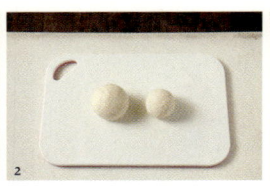

파스타는 냉장고 속 재료만으로도 근사하게 만들 수 있다. 버터와 크림이 듬뿍 들어가는 고열량 식품이지만 저지방 우유와 식물성 크림으로 소스를 만들면 열량 부담은 줄이고 맛은 그대로 살릴 수 있다. 또한 홈메이드 토마토 소스를 활용하면 맛은 물론 건강에도 좋다.

PASTA

갈릭콜드파스타
토마토김치스파게티
단호박스파게티
토마토쇠고기스파게티
새우링귀니
오징어링귀니
버섯리조토
해산물리조토

갈릭콜드파스타

버터와 밀가루를 넣어 걸쭉한 일반 수프와 달리 천연 재료의 맛을 살린 채소수프에 1mm 미만의 얇은 면을 넣어 만든 파스타. 식감이 냉면처럼 가볍고 국물이 맑고 담백해 맛과 건강을 함께 챙길 수 있다.

재료

카펠리니	160g	당근 · 양파	20g
슬라이스한 양파	120g	월계수잎	1장
감자	100g	물	500ml
통마늘	50g	고형 치킨스톡	1/2개
양송이버섯	25g	올리브유 · 소금 · 후춧가루 · 파슬리가루 약간씩	

이렇게 만드세요

TIP 카펠리니는 안단테로 삶아야 혈당지수를 낮출 수 있다.

1. 감자, 당근, 양파는 사방 1.5cm 크기로 깍둑 썬다. 양송이버섯은 4등분 한다.
2. 달군 팬에 올리브유를 두르고 약불로 줄인 뒤 통마늘과 슬라이스한 양파를 넣어 양파가 갈색이 날 때까지 볶는다.
3. ②에 감자, 당근, 양파, 양송이버섯을 넣고 볶다가 월계수잎, 치킨스톡, 물을 넣고 끓인다. 재료가 끓어오르면 거품을 제거하고 소금, 후춧가루로 간해 20분간 뭉근하게 끓인 뒤 차게 식힌다.
4. 카펠리니는 끓는 물에 소금을 약간 넣고 4분간 삶아 찬물에 헹군다. 접시에 카펠리니를 담고 ③의 갈릭수프를 부은 뒤 파슬리가루를 뿌린다.

1   2   3   4

토마토김치스파게티

토마토 소스에 김치를 넣어 한국인의 입맛에 잘 맞으며 서로 음식 궁합이 잘 맞는다. 베이컨과 단백질, 미네랄이 풍부한 날치알을 더한 영양 만점 요리. 요리 완성 후 참기름을 약간 넣어 매운맛은 줄이고 김치의 풍미는 살렸다. 파스타뿐만 아니라 리조토로 즐겨도 좋다.

재료

토마토 소스(만드는 법 P47참고)	300g
스파게티 면	160g
김치	60g
베이컨 · 양파 · 날치알	20g씩
홍피망 · 청피망 · 애호박	15g씩
표고버섯	5g
파르메산 치즈	1큰술
다진 마늘	1작은술
생바질	2장
참기름	1/2작은술

소금 · 올리브유 · 후춧가루 · 청양고춧가루 · 파슬리가루 약간씩

이렇게 만드세요

1. 스파게티 면은 끓는 물에 소금을 약간 넣고 9분간 삶은 뒤 체에 밭쳐 물기를 제거한다.
2. 김치는 찬물에 헹궈 물기를 꼭 짠 뒤 송송 썬다. 양파, 피망, 애호박, 표고버섯은 얇게 썬다. 베이컨은 김치 크기로 썬다.
3. 달군 팬에 올리브유를 두르고 다진 마늘과 양파를 볶는다. 양파가 투명해지면 피망, 애호박, 표고버섯, 베이컨, 김치, 후춧가루를 넣고 볶는다.
4. ③에 토마토 소스와 파슬리가루, 청양고춧가루를 넣는다.
5. ④가 부르르 끓어오르면 스파게티 면을 넣어 농도가 날 때까지 볶는다. 파르메산 치즈를 넣고 불에서 내려 날치알을 올린 뒤 참기름을 뿌리고 바질로 장식한다.

TIP
소금을 과잉 섭취하면 고혈압, 위염 등의 원인이 된다. 김치에 간이 되어 있으므로 소금을 따로 넣지 않아도 된다.

5

단호박스파게티

크림스파게티에 단호박퓨레를 넣어 크림 함량을 줄이고 단호박의 풍미는 더했다. 호박을 껍질까지 갈아 넣어 탄수화물의 대사를 늦추는 효과가 있다. 맛이 달콤하고 담백해 누구나 좋아하는 메뉴.

재료

재료	분량
크림 소스(만드는 법 P49참고)	300g
스파게티 면	160g
단호박퓨레(만드는 법 P82참고)	60g
베이컨 · 양파 · 브로콜리	30g씩
단호박	10g
방울토마토	2개
파르메산 치즈	1큰술
다진 마늘	1작은술
올리브유 · 소금 · 후춧가루 · 파슬리가루	약간씩

DR. ROBBIN'S COMMENT
저지방 요리

이렇게 만드세요

1. 스파게티 면은 끓는 물에 소금을 약간 넣고 9분간 삶은 뒤 체에 밭쳐 물기를 제거한다.
2. 단호박은 얇게 슬라이스하고 양파는 채 썬다. 브로콜리는 송이째 썰고 베이컨은 1.5cm 크기로 썬다.
3. 달군 팬에 올리브유를 두르고 다진 마늘을 볶아 향을 낸 뒤 베이컨, 양파, 브로콜리를 넣고 볶는다.
4. ③에 크림 소스와 단호박퓨레를 넣고 고루 섞은 뒤 슬라이스한 단호박을 넣고 소금, 후춧가루, 파슬리가루를 넣어 간한다.
5. ④에 삶은 스파게티 면을 넣어 농도를 맞춘 뒤 파르메산 치즈를 넣고 섞어 접시에 담는다. 2등분한 방울토마토를 얹는다.

TIP
단호박퓨레를 넣어 크림의 양을 줄이면 칼로리를 낮출 수 있다.

토마토쇠고기스파게티

한국 사람들이 좋아하는 미트볼스파게티는 고기와 치즈가 듬뿍 들어가 칼로리 부담이 크다. 양념한 쇠고기를 볶아 만든 스파게티로 훨씬 가볍고 담백하게 먹을 수 있다. 취향에 따라 애호박이나 버섯의 양을 늘려도 좋다.

재료

토마토 소스(만드는 법 P47참고)	200g	**<고기 양념>**
스파게티 면	160g	다진 양파 · 올리고당 1큰술씩
쇠고기(간 것)	30g	진간장 2작은술
양파	20g	다진 마늘 1작은술
홍피망 · 청피망	15g씩	
표고버섯	5g	
파르메산 치즈	1큰술	
소금 · 후춧가루 · 파슬리가루 · 올리브유 약간씩		

이렇게 만드세요

TIP
스파게티 면은 심이 씹힐 정도인 안단테로 삶아야 소화 속도를 늦춰 혈당지수를 낮추는 효과가 있다.

1. 스파게티 면은 끓는 물에 소금을 약간 넣고 9분간 삶은 뒤 체에 받쳐 물기를 뺀다.
2. 달군 팬에 올리브유를 두르고 쇠고기와 분량의 양념을 넣고 볶는다.
3. ②에 채 썬 양파, 피망, 표고버섯을 넣고 볶는다.
4. ③에 토마토 소스와 소금, 후춧가루, 파슬리가루를 넣고 끓인다.
5. 소스가 끓어오르면 스파게티 면을 넣고 볶는다. 불을 끄고 파르메산 치즈를 넣어 고루 섞는다.

새우링귀니

이탈리아 요리의 기본 소스인 바질페스토 소스와 조개 국물로 만든 파스타는 한국 사람 입맛에도 잘 맞는다. 신선한 바질잎을 사용해 비타민과 향기가 파괴되지 않았다. 소스를 넣은 뒤 링귀니를 빠르게 버무려야 타지 않는다.

재료

링귀니	190g	양파	20g
조개 국물	120ml	마늘	10g
: 바지락	200g	새우	3마리
물	2컵	이탈리아 파슬리	1개
양파	1/4개	올리브유·소금·후춧가루·	
마늘	1톨	바질가루	약간씩
바질페스토 소스(만드는 법 P53 참고) ·			
화이트와인	30g씩		

TIP
파스타를 만들 때 양파를 많이 넣으면 양파의 황화합물이 인슐린 수치를 끌어올려 혈당치를 낮추는 효과가 있다.

이렇게 만드세요

1. 냄비에 해감한 바지락, 양파, 마늘을 넣고 물을 부어 끓이다 조개 입이 벌어지면 면포에 걸러 국물만 준비한다. 링귀니는 끓는 물에 소금을 넣고 9분간 삶는다.

2. 달군 팬에 올리브유를 두르고 편으로 썬 마늘과 슬라이스한 양파를 볶아 향을 낸다. 손질한 새우를 넣고 소금, 후춧가루로 간한 뒤 화이트와인을 부어 잡내를 없앤다.

3. ②에 조개 국물을 붓고 소금으로 간한 뒤 삶은 링귀니를 넣어 간이 잘 배도록 버무린다.

4. ③에 바질페스토 소스를 넣고 적당히 농도가 나면 접시에 담는다. 바질가루를 뿌리고 이탈리아 파슬리로 장식한다.

오징어링귀니

올리브유를 활용한 스파게티는 지나치게 기름이 많이 들어가 칼로리가 높기 쉽다. 올리브유 대신 조개 국물을 넣으면 기름의 양을 줄일 수 있다. 조개 대신 오징어를 활용해 재료에 함유된 단백질과 타우린을 섭취를 충분히 할 수 있는 메뉴. 짭조름하면서도 맛이 깔끔하다.

재료

링귀니	190g
조개 국물(만드는 법 P110 참고)	120ml
화이트 와인	30ml
양파	30g
오징어	1/2마리
새끼 갑오징어	3개
페페로치니(마른 고추)	4개
마늘	3톨
이탈리아 파슬리	1개
올리브유 · 소금 · 후춧가루 · 파슬리가루	약간씩

이렇게 만드세요

1. 링귀니는 끓는 물에 소금을 넣고 9분간 삶은 뒤 체에 밭쳐 물기를 제거한다. 달군 팬에 올리브유를 두르고 슬라이스한 마늘과 양파를 볶다가 페페로치니를 넣고 볶는다.

TIP → 2. ①에 손질해서 링 모양으로 썬 오징어와 머리를 가른 새끼 갑오징어를 넣고 볶다가 화이트와인을 부어 잡내를 없앤다.

오징어는 대표적인 저지방 식품으로 단백질 함량이 높아 다이어트에 효과적이다.

3. ②에 조개 국물을 붓고 소금, 후춧가루, 파슬리가루를 넣는다.

4. ③에 삶은 링귀니를 넣고 소스가 잘 배도록 재빨리 볶은 뒤 접시에 담고 이탈리아 파슬리로 장식한다.

저지방 요리

버섯리조토

몸속의 콜레스테롤을 낮추는 효과가 있는 여러 가지 버섯으로 만든 건강 리조토. 식물성 저지방 생크림을 사용해 칼로리를 낮췄다. 쌀을 불려 오븐에 굽는 방식 대신 밥을 활용해 요리 시간을 단축했으며 소스의 맛도 잘 밴다. 버섯과 크림 소스가 잘 어우러져 버섯을 좋아하지 않는 사람도 맛있게 먹을 수 있다.

재료

크림 소스(만드는 법 P49 참고)	240g
밥	200g
화이트와인	30ml
양파 · 양송이버섯 · 느타리버섯 · 표고버섯 · 새송이버섯	20g씩
파르메산 치즈	1큰술
다진 마늘	1작은술
방울토마토	2개
올리브유 · 소금 · 후춧가루 · 파슬리가루	약간씩

이렇게 만드세요

1. 양파는 채 썰고 버섯은 각각 모양을 살려 슬라이스한다.

TIP — 버섯은 칼로리가 낮고 필수아미노산 성분이 풍부해 다이어트에 제격인 식품.

2. 달군 팬에 올리브유를 두르고 다진 마늘과 양파를 볶는다. 양파가 투명해지면 버섯을 넣고 소금, 후춧가루로 간한 뒤 화이트와인을 붓는다.

3. ②에 밥을 넣고 고루 볶다가 크림 소스를 붓고 섞은 다음 소금, 후춧가루를 넣어 간한 뒤, 파르메산 치즈를 넣고 불을 끈다. 4등분한 방울토마토와 파슬리가루를 밥과 함께 담아낸다.

1   2   3   4

해산물리조토

설탕을 넣지 않은 홈메이드 토마토 소스에 여러 가지 신선한 해산물과 조개 국물을 넣어 만든 리조토. 일반적으로 리조토는 탄수화물이 많이 함유된 음식이라 기름을 사용하지 않고 건강하게 조리했다.

TIP
토마토 소스로 파스타를 만들 때는 알루미늄 팬을 사용하지 않는다. 토마토에 풍부한 산 성분이 알루미늄과 반응해 좋지 않은 맛을 낸다.

재료

토마토 소스(만드는 법 P47참고)	240g
밥	200g
조개 국물(만드는 법 P110참고)	60ml
화이트와인	30ml
홍합	4개
새우 · 새끼 갑오징어	3마리씩
오징어	1/4마리
파르메산 치즈	1큰술
다진 마늘	1작은술
소금 · 후춧가루 · 파슬리가루 · 올리브유	약간씩

이렇게 만드세요

1. 오징어는 껍질을 벗기고 링모양을 살려 썬다. 새우는 머리와 껍질을 벗기고 홍합은 서로 비벼 씻는다.
2. 달군 팬에 올리브유를 두르고 다진 마늘을 볶아 향을 낸 다음 손질한 새우, 오징어, 새끼 갑오징어, 홍합을 넣고 재빨리 볶다 소금, 후춧가루로 간한다. 화이트와인을 부어 잡내를 없앤다.
3. ②에 조개 국물을 붓고 끓어오르면 밥을 넣어 고루 섞는다.
4. ③에 토마토 소스와 파슬리가루를 넣고 끓인 뒤 파르메산 치즈를 넣고 불에서 내린다.

MAIN DISH

버섯두부스테이크
미트볼
로스트치킨
닭가슴살누드버거
베이컨채소꼬치
닭가슴살단호박찜

특별한 날 준비하는 정찬 요리도 다이어트에 대한 두려움 없이 먹을 수 있다. 지방은 없고 단백질은 풍부한 두부, 다이어트의 대표 식재료인 닭가슴살 등 건강하고 부담 없는 재료를 활용하면 된다. 고기는 지방 함량이 적은 부위를 선택해 찌거나 삶는 방법으로 조리하면 식감이 부드럽다. 신선한 채소샐러드를 곁들여 맛있게 즐겨 보자.

버섯두부스테이크

고단백 식품인 두부와 필수아미노산이 풍부한 버섯으로 만든 다이
어트 일품요리. 두부의 물기를 꼭 짜서 반죽해 촉촉한 식감이 일품
이다. 볶은 버섯을 고명으로 올려 섬유질까지 섭취할 수 있다.

재료

달걀	1개
두부	1/2모(100g)
양송이버섯 · 표고버섯 · 새송이버섯 ·	
느타리버섯 · 저지방 슬라이스 치즈	1/2개씩
양파	1/4개
발사믹식초	1큰술
감자녹말	1작은술
올리브유 · 소금 · 후춧가루	약간씩

TIP 콩을 두부로 만들면 소화 흡수율이 높아져 다이어 트 중 소화 기능이 떨어질 때 두부스테이크를 먹으 면 좋다.

이렇게 만드세요

1. 두부는 칼등으로 밀어 으깬 뒤 면포에 싸서 물기를 꼭 짠다.

2. 양송이버섯, 표고버섯, 양파 절반은 곱게 다진다.

3. 볼에 다진 버섯, 양파, 두부, 달걀, 감자녹말, 소금을 넣고 반죽해 치댄다.

4. ③의 반죽을 동그랗게 빚어 손가락으로 가운데에 구 멍을 만든 뒤 저지방 슬라이스 치즈를 넣고 덮는다.

5. 달군 팬에 올리브유를 두르고 ④를 올려 약불에서 모양이 망가지지 않도록 5분간 앞뒤로 노릇하게 굽 는다.

6. 새송이버섯은 슬라이스해 달군 팬에 소금, 후춧가루 를 넣고 볶는다. 결대로 찢은 느타리버섯과 슬라이 스한 양파는 발사믹식초를 넣고 살짝 볶는다. 접시 에 새송이버섯을 펼쳐 담고 스테이크를 올린 다음 느타리버섯과 양파를 얹는다.

미트볼

서양 요리의 대명사인 미트볼은 고기를 올리브유에 굽기 때문에 먹기 부담스럽다. 그러나 고기 반죽을 굽지 않고 찜통에 찌면 칼로리를 절반 가까이 줄일 수 있을 뿐 아니라 구웠을 때보다 맛도 더욱 부드럽다.

재료

쇠고기(앞다릿살)	200g
양파	50g
달걀 · 저지방 슬라이스 치즈 · 이탈리아 파슬리	1개씩
감자녹말 · 빵가루	1큰술씩
다진 마늘	1작은술
카레가루	1/2작은술
소금 · 후춧가루	1/4작은술씩
토마토 소스(만드는 법 P47참고)	적당량

이렇게 만드세요

지방질 함량이 적은 앞다릿살로 만든 미트볼에 다진 양파를 넣어 지방 흡수율을 최소화했다.

1. 양파는 곱게 다진다.
2. 불에 모든 재료를 넣어 끈기가 생길 때까지 치대면서 반죽한다.
3. 반죽을 한입 크기로 둥글게 빚어 김이 오른 찜통에 5~10분간 찐다. 크게 만들 때는 랩으로 감싸고 쪄야 모양이 망가지지 않는다. 미트볼을 접시에 담아 토마토 소스를 곁들이고 이탈리아 파슬리로 장식한다.

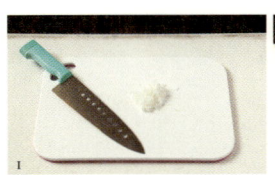

DR. ROBBIN'S COMMENT

저칼로리 요리

1

2

3

4

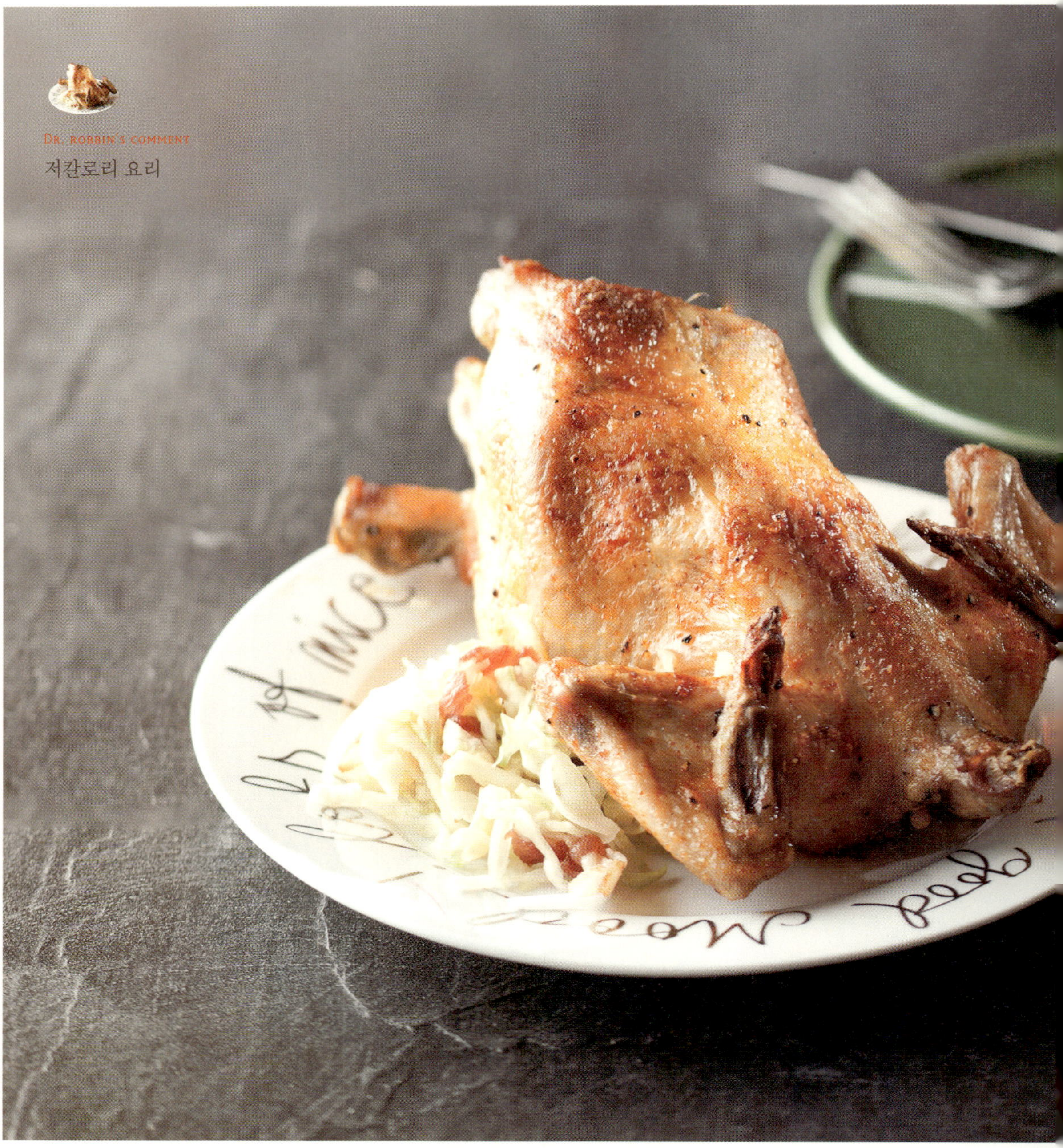

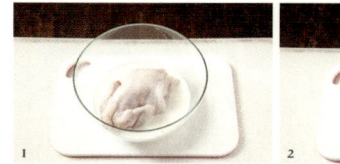

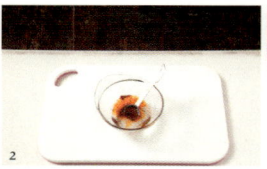

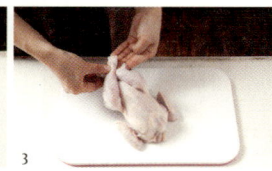

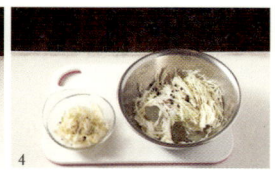

로스트치킨

콜레스테롤과 칼로리가 높아 먹기 망설여지는 치킨을 오븐에 구워 건강하게 조리했다. 양배추를 함께 먹으면 느끼하지 않고 상큼하다.

재료

닭(영계)	1마리	소금 · 후춧가루 · 올리브유	
우유	500ml	파프리카가루	약간씩
양배추	250g		
양파	50g	<양배추 양념>	
베이컨	20g	꽃소금	12g
감자	1/2개	월계수잎	1장
올리고당	6큰술	캐러웨이 · 통후추	약간씩
식초 · 올리브유	2큰술씩		

이렇게 만드세요

1. 닭은 우유에 20분 정도 담가 두어 잡내를 없앤다.
2. 볼에 소금, 후춧가루, 파프리카가루, 올리브유 2큰술을 넣고 섞는다.
3. ①의 닭다리에 칼집을 넣어 교차되도록 반대쪽 다리를 끼운 다음 붓으로 ②를 골고루 발라 180℃로 예열한 오븐에 40분간 굽는다.
4. 양배추는 채썬 뒤 분량의 양념을 넣고 하룻밤 절인다. 양파는 채 썰고, 베이컨은 1.5cm 두께로 썰고, 감자는 강판에 간다.
5. 달군 팬에 올리브유를 두르고 양파와 베이컨을 볶다가 감자즙을 넣는다. 양파가 투명해지면 식초와 올리고당을 넣고 살짝 볶아 식힌다. 접시에 치킨과 양배추절임을 함께 담는다.

TIP 열량이 거의 없고 칼슘 흡수율이 높은 양배추를 곁들이면 영양의 균형을 맞출 수 있다.

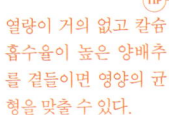

닭가슴살누드버거

최고의 고단백 식품인 닭가슴살을 색다르게 먹을 수 있는 일품요리.
다소 퍽퍽하게 느껴질 수 있어 매콤한 타르타르 소스를 곁들이고, 반
죽할 때 빵가루를 넣어 물기를 없애고 씹는 맛을 살렸다.

재료

닭가슴살	250g	
우유	100ml	
양파	40g	
빵가루	10g	
소금 · 후춧가루 · 파슬리가루 ·		
마늘가루 · 카레가루	1/4작은술씩	
올리브유	약간	

<타르타르 소스>	
저지방 마요네즈	30g
다진 양파 · 다진 할라피뇨	10g씩
올리고당	1/2큰술

TIP 강황은 염증 완화와 항암 효과가 있
다. 닭고기와 함께 반죽하면 퍽퍽함
을 줄여 준다.

이렇게 만드세요

1. 닭가슴살은 기름을 제거한 뒤 우유에 20분간 담가 잡내를 없앤다.
2. 볼에 분량의 재료를 넣고 고루 섞어 타르타르 소스를 만든다.
3. 믹서에 ①의 닭가슴살과 양파, 소금, 후춧가루, 파슬리가루, 마늘가루, 카
   레가루를 넣고 간다.
4. 볼에 ③을 담고 빵가루를 넣어 끈기가 생길 때까지 반죽한 뒤 동그랗게 빚는다.
5. 달군 팬에 올리브유를 두르고 ④를 노릇하게 구워 접시에 담고 소스를 뿌
   린다.

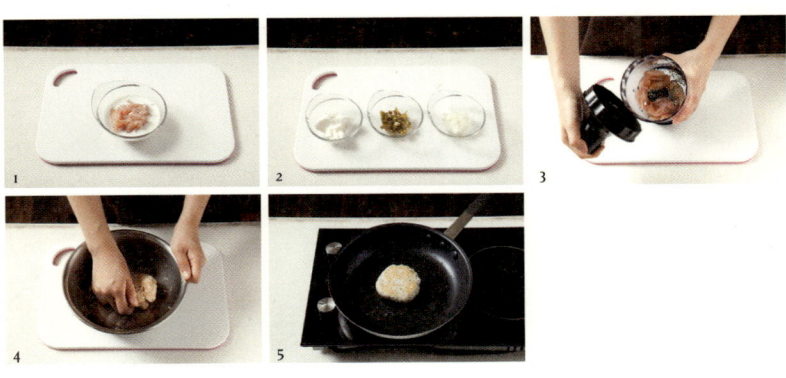

베이컨채소꼬치

신선한 채소와 버섯을 근사하게 즐길 수 있는 요리로 간식이나 술안주로 좋다. 베이컨에 카레 소스를 곁들여 풍미는 높이고 지방의 대사는 증가시켜 다이어트에 도움이 되도록 했다.

재료

		<카레머스터드 소스>	
새송이버섯	3개		
베이컨 · 깻잎	3장씩	저지방 마요네즈	20g
홍피망 · 양파	1/2개씩	올리고당	1작은술
파인애플	1조각	머스터드	1/4작은술
올리브유	약간	카레가루 · 후춧가루	약간씩

이렇게 만드세요

1. 새송이버섯은 3cm 두께로 썬다. 홍피망, 양파, 파인애플도 같은 크기로 썬다.
2. 베이컨은 끓는 물에 데쳐 기름기를 제거한다.
3. 분량의 재료를 넣고 고루 섞어 카레머스터드 소스를 만든다.
4. ②의 베이컨 위에 깻잎을 올리고 돌돌 만다.
5. 꼬치에 새송이버섯, 홍피망, 양파, ④의 베이컨, 파인애플을 순서대로 끼운다. 오븐 팬에 꼬치를 올리고 올리브유를 바른 뒤 200℃로 예열한 오븐에 10분간 굽는다.

TIP 베이컨을 데쳐서 사용하면 기름기와 염분을 줄일 수 있다.

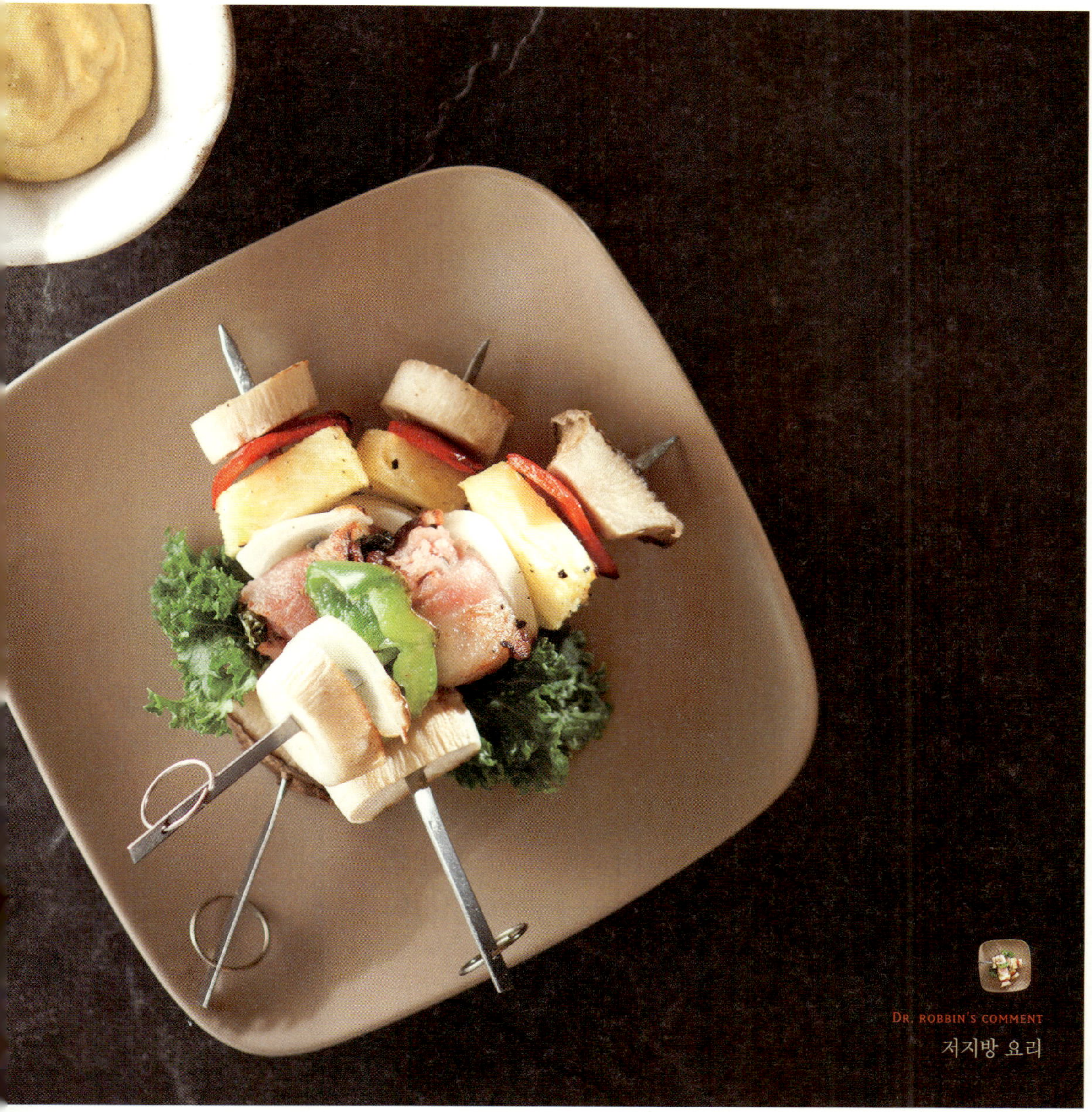
DR. ROBBIN'S COMMENT
저지방 요리

2

3

4

5

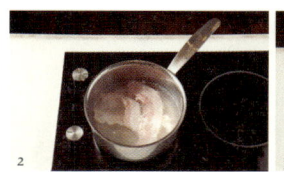

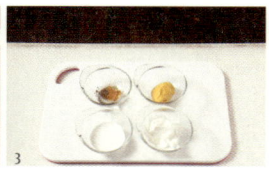

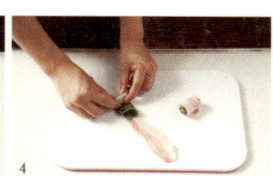

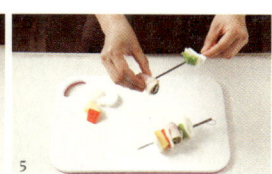

닭가슴살단호박찜

고단백 식품인 닭가슴살로 만든 일품요리. 다이어트를 하다 보면 단 음식이 생각날 때가 많은데 부드러운 단호박이 만족감을 준다. 닭가슴살 요리에 싫증이 날 때 먹기 좋은 단백질 요리. 한 끼 식사로도 손색이 없다.

재료

재료	분량
단호박	1개
크림 소스(만드는 법 P49참고)	240g
닭가슴살	100g
홍피망 · 청피망 · 양파 · 버섯	20g씩
저지방 슬라이스 치즈	1장
다진 마늘	1작은술
올리브유 · 소금 · 후춧가루	약간씩

이렇게 만드세요

1. 단호박은 전자레인지에 3분간 익혀 윗면을 자르고 숟가락으로 속을 파낸 다음 비닐팩에 담아 다시 전자레인지에 15분간 익힌다.

2. 피망, 양파, 버섯은 씻어 채 썬다. 닭가슴살은 0.3cm 두께로 썬다.

3. 팬에 올리브유를 두르고 피망, 양파, 버섯과 다진 마늘을 볶다가 닭가슴살을 넣고 소금, 후춧가루로 간한다.

4. ③에 크림 소스를 붓고 걸쭉해질 때까지 약불에 조린다.

5. 찐 단호박 속에 ④를 담고 저지방 슬라이스 치즈를 올린 뒤 치즈가 녹을 때까지 전자레인지에 1분간 익힌다.

TIP 양파는 살짝 볶아 아삭한 질감을 살려야 닭가슴살의 퍽퍽한 식감과 조화가 된다.

BRUNCH

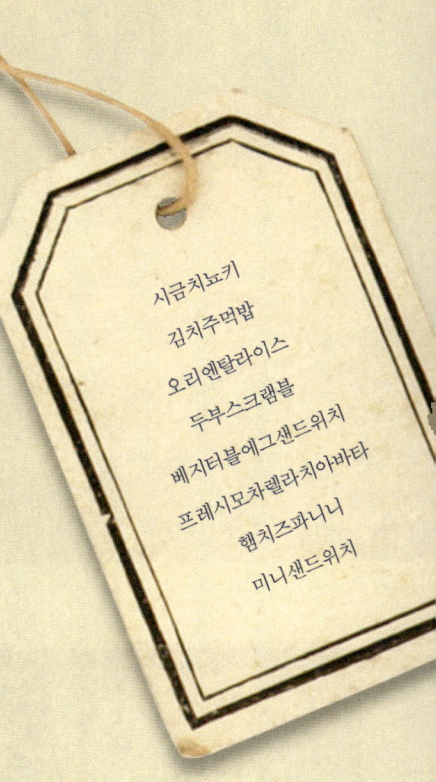

시금치뇨키
김치주먹밥
오리엔탈라이스
두부스크램블
베지터블에그샌드위치
프레시모차렐라치아바타
햄치즈파니니
미니샌드위치

무겁지 않으면서 속을 든든하게 채워 줄 브런치 요리를 제안한다. 칼로리는 낮지만 포만감을 주는 감자로 만든 홈메이드 뇨키, 채소를 듬뿍 넣어 비타민을 풍부하게 섭취할 수 있는 비프볶음밥, 저지방 치즈로 만든 샌드위치…. 입맛과 취향에 따라 마음껏 먹어도 살찔 염려가 없다.

시금치뇨키

대표적인 저칼로리 식품인 감자를 활용한 이탈리아 전통 요리인 뇨키. 밀가루 대신 감자를 넣어 혈당지수를 낮추었다. 버터를 사용하지 않고 식물성 저지방 크림 소스를 만들어 고소하고 맛있다. 시금치 대신 루콜라, 아욱 등을 넣어도 잘 어울린다.

재료

감자	300g
크림 소스(만드는 법 P49참고)	250g
박력분	150g
시금치	50g
달걀	1개
소금	1/2작은술
덧밀가루 · 후춧가루	약간씩

이렇게 만드세요

1. 감자는 씻어 냄비에 물을 붓고 30분간 삶아 따뜻할 때 껍질을 벗긴 뒤 으깬다. 시금치는 씻어 물기를 제거한다.
2. 으깬 감자에 박력분, 달걀, 소금을 넣어 반죽한다.
3. 바닥에 덧밀가루를 뿌리며 ②의 반죽을 가래떡처럼 길게 만 뒤 1cm 크기로 잘라 포크로 모양을 낸다.
4. 끓는 물에 ③을 넣고 끓이다 떠오르면 건진다.
5. 냄비에 크림 소스를 붓고 끓으면 소금, 후춧가루로 간한 다음 ④와 시금치를 넣고 뭉근하게 끓인다.

TIP
시금치는 마지막에 넣어 살짝만 익혀야 비타민과 무기질이 파괴되지 않는다.

김치주먹밥

주먹밥을 김치로 싸 롤을 만든 이색 요리로 김
치의 짭조름한 맛이 밥과 잘 어울린다. 참치 대
신 멸치, 무말랭이 등 다양한 재료를 넣고 밥을
뭉쳐도 맛있다. 김치는 작은 잎으로 쌀 때는 그
냥 내고 큰 줄기로 쌀 때는 썰어서 낸다.

DR. ROBBIN'S COMMENT

저칼로리 요리
저탄수화물 요리

재료

배추김치	4줄기
밥	200g
참치	50g
파래김자반	2큰술
저지방 마요네즈	1작은술
소금 · 후춧가루	약간씩
무말랭이 · 땅콩조림	적당량씩

이렇게 만드세요

1. 김치는 물에 살짝 헹군 뒤 물기를 꼭 짠다.
2. 참치는 체에 밭치고 뜨거운 물을 부어 기름기를
   제거한 뒤 소금, 후춧가루, 저지방 마요네즈를 넣
   어 버무린다.
3. 밥은 한김 식힌 뒤 파래김자반을 넣고 섞는다.
4. ③의 밥을 김치 폭에 맞춰 동그랗게 만 다음 가운
   데에 구멍을 내어 ②의 참치를 넣고 덮는다.
5. 씻은 김치를 깔고 ④의 밥을 올린 뒤 줄기 쪽부터
   김밥 말 듯이 돌돌 만다. 김치 폭에 맞춰 2등분해
   접시에 담고 무말랭이나 땅콩조림을 곁들인다.

TIP 주먹밥은 탄수화물 위
주의 음식인데 김치를
활용해 탄수화물 함량
은 줄이고 채소의 비율
은 높였다.

5

오리엔탈라이스

한국식 비빔밥에 들어가는 재료로 만든 퓨전 볶음밥으로 기름 사용을 최소화하면서 풍미는 살렸다. 고기 양을 줄이고 채소를 많이 넣어 탄수화물보다 비타민을 풍부하게 섭취할 수 있다. 고추기름으로 볶아 매콤하면서도 입맛이 개운하다. 밥 대신 칼로리 함량이 낮은 쌀국수를 사용해도 맛있다.

재료

밥	200g
쇠고기(목심 또는 등심)	80g
양파	20g
표고버섯·어린잎 채소	10g씩
청경채	5장
청양고추	4개
루콜라	3장
다진 마늘	1작은술
올리브유·고추기름	적당량씩
검은깨·키위즙	약간씩

<비프 소스>

올리고당	1큰술
진간장	5작은술
굴 소스	4작은술
발사믹식초·타바스코	1작은술씩

이렇게 만드세요

TIP
키위 대신 기름 흡수율 줄여 주는 양파즙을 활용해 지방 섭취율을 낮춰도 된다.

1. 쇠고기는 키위즙을 뿌려 30분간 잰다. 분량의 재료를 섞어 비프 소스를 만든다.
2. 양파와 표고버섯은 채 썰고 청양고추는 어슷 썬다. 청경채는 먹기 좋게 썬다.
3. 달군 팬에 올리브유를 두르고 ①의 쇠고기를 볶는다.
4. ③에 고추기름을 두르고 양파와 다진 마늘, 표고버섯을 볶다가 청경채를 볶는다.
5. ④에 밥과 비프 소스, 청양고추를 넣고 살짝 볶은 뒤 불을 끈다. 접시에 루콜라를 깔고 밥을 올린 뒤 검은깨를 뿌리고 씻은 어린잎 채소를 올린다.

두부스크램블

저칼로리 식품으로 간단하게 만들 수 있는 브런치 요리. 두부를 넣어 단백질 함량은 유지하면서 칼로리를 줄이고 식물성 크림을 넣어 부드러운 맛을 살렸다. 브로콜리 대신 양파나 베이컨을 넣어도 맛있다.

재료

두부	1/4모
달걀	2개
브로콜리	30g
식물성 크림	1큰술
올리브유 · 소금 · 후춧가루	약간씩

이렇게 만드세요

1. 두부는 키친타월로 눌러 물기를 제거한 뒤 칼등으로 으깬다.
2. 브로콜리는 끓는 물에 데친 뒤 얼음물에 식혀 칼로 거칠게 다진다. ────
3. 볼에 달걀, 식물성 크림, 소금, 후춧가루를 넣고 거품기로 저은 다음 체에 한 번 거른다.
4. 올리브유를 두른 팬에 으깬 두부를 볶다가 브로콜리를 넣어 볶는다.
5. ④에 ③의 달걀물을 붓고 달걀이 굳으면 젓가락으로 빠르게 휘저은 뒤 불에서 내린다.

TIP
브로콜리는 끓는 물에 20초간 재빨리 데쳐야 영양 손실을 막을 수 있다.

베지터블에그샌드위치

흔히 먹는 달걀치즈샐러드는 밥반찬이나 샌드위치 소로 다양하게 활용할 수 있다. 저지방 마요네즈와 씨겨자로 소스를 만들어 상큼한 맛을 살리고 잡곡빵 특유의 텁텁함을 없앴다. 일반 식빵 대신 씹히는 맛이 고소한 잡곡빵을 이용하면 견과류의 영양소와 섬유질을 보충할 수 있다.

재료

잡곡식빵	3장
슬라이스 햄	2장
저지방 슬라이스 치즈 · 양상추 · 겨자잎	1장씩
달걀	2개
토마토	1/5개
다진 양파	20g
저지방 마요네즈	1큰술
소금 · 검은깨	약간씩

TIP 양파 대신 당분이 없는 오이를 넣어도 좋다.

<씨겨자마요네즈 소스>

씨겨자 · 저지방 마요네즈 · 올리고당	1큰술씩

이렇게 만드세요

1. 양상추와 겨자잎은 씻어 얼음물에 담갔다가 물기를 제거한다. 토마토는 슬라이스한다.

2. 달걀은 삶아서 껍질을 벗기고 으깨 다진 양파, 마요네즈, 소금, 검은깨를 넣고 섞는다.

3. 볼에 분량의 재료를 넣고 고루 섞어 씨겨자마요네즈 소스를 만들어 식빵에 바른 뒤 ②를 넣고 소스를 바른 식빵을 올린다.

4. ③의 식빵 위에 양상추, 햄, 저지방 슬라이스 치즈, 토마토, 겨자잎 순서로 올린 뒤 남은 식빵으로 덮는다.

모차렐라치아바타

전통적인 모차렐라토마토샌드위치를 변형한 요리. 루콜라와 생모차렐라 치즈, 바질페스토 소스가 향긋하고 상큼한 맛을 낸다. 열량이 낮은 고단백 식품인 버섯을 넣어 영양의 균형을 맞췄다.

재료

치아바타	1개
토마토	40g
느타리버섯	10g
생모차렐라 치즈	1/2개
루콜라	2장
올리브유 · 소금 · 바질페스토 소스(만드는 법 P53참고)	약간씩

이렇게 만드세요

TIP
느타리버섯은 수분 함량이 많고 나머지는 단백질, 비타민, 미네랄로 칼로리가 거의 없다. 토마토, 저지방 치즈 등과 함께 조리하면 저칼로리 요리가 완성된다.

1. 느타리버섯은 달군 팬에 올리브유를 두르고 소금을 약간 뿌려 볶는다.
2. 토마토와 생모차렐라 치즈는 슬라이스한다. 루콜라는 씻는다.
3. 치아바타는 반으로 자른 뒤 아래쪽에 바질페스토 소스를 바른다.
4. ③ 위에 토마토와 생모차렐라 치즈를 번갈아가며 올리고 볶은 버섯을 넣은 뒤 바질페스토 소스를 얹고 빵을 덮는다.

햄치즈파니니

든든한 한 끼 식사가 되는 샌드위치. 다른 치즈에 비해 칼로리가 낮으면서 치즈 본연의 맛을 느낄 수 있는 저지방 슬라이스 치즈와 생모차렐라 치즈로 만들었다. 부드러운 머스터드 소스와 매콤한 할라피뇨가 식욕을 돋운다.

재료

잡곡식빵	3장
생모차렐라 치즈	20g
할라피뇨	5개
슬라이스 햄	2장
양상추 · 겨자잎 · 저지방 슬라이스 치즈	1장씩
씨겨자마요네즈 소스(만드는 법 P47참고)	3큰술

TIP 칼로리를 더 줄이고 싶다면 슬라이스 햄 대신 양질의 아미노산이 풍부한 참치통조림을 사용해도 맛있다.

이렇게 만드세요

1. 식빵 위에 생모차렐라 치즈를 슬라이스해서 올린 뒤 햄을 겹쳐서 덮고 할라피뇨를 얹는다.
2. 다른 빵 1장 양쪽에 씨겨자마요네즈 소스를 바른 뒤 ① 위에 올리고 양상추, 겨자잎을 얹는다.
3. ② 위에 저지방 슬라이스 치즈를 올리고 나머지 빵으로 덮는다. 150℃로 예열한 파니니 기계에 3분간 굽는다. 먹기 좋게 삼각 모양으로 슬라이스한다.

미니샌드위치

모닝빵을 활용하면 한 끼에 소량씩 섭취해야 하는 다이어트 도시락으로 제격이다. 새우와 저지방 마요네즈를 이용해 매콤하게 만든 타르타르 소스가 잘 어울린다.

재료

잡곡 모닝빵	3개
양상추 · 겨자잎	1장씩
칵테일새우	12마리
바질가루 · 소금	약간씩

<타르타르 소스>

저지방 마요네즈	30g
양파 · 할라피뇨	10g씩
올리고당	2작은술

이렇게 만드세요

1. 양파와 할라피뇨는 곱게 다진다. 볼에 저지방 마요네즈, 양파, 할라피뇨, 올리고당을 넣고 고루 섞어 소스를 만든다.
2. 새우는 끓는 물에 소금을 약간 넣고 데친 뒤 찬물에 헹궈 물기를 뺀다. 양상추와 겨자잎은 씻어 물기를 뺀다.
3. 새우는 ①의 타르타르 소스에 넣어 버무린다.
4. 모닝빵을 반으로 잘라 양상추와 겨자잎을 깔고 ③을 올린 뒤 바질가루를 약간 뿌리고 빵을 덮는다.

TIP 저지방 마요네즈로 타르타르 소스를 만들어 칼로리 부담을 낮추었다. 양파와 할라피뇨를 넣어 자칫 느끼할 수 있는 소스의 단점을 보완했다.

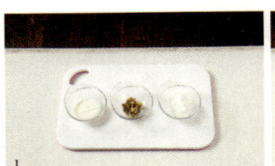

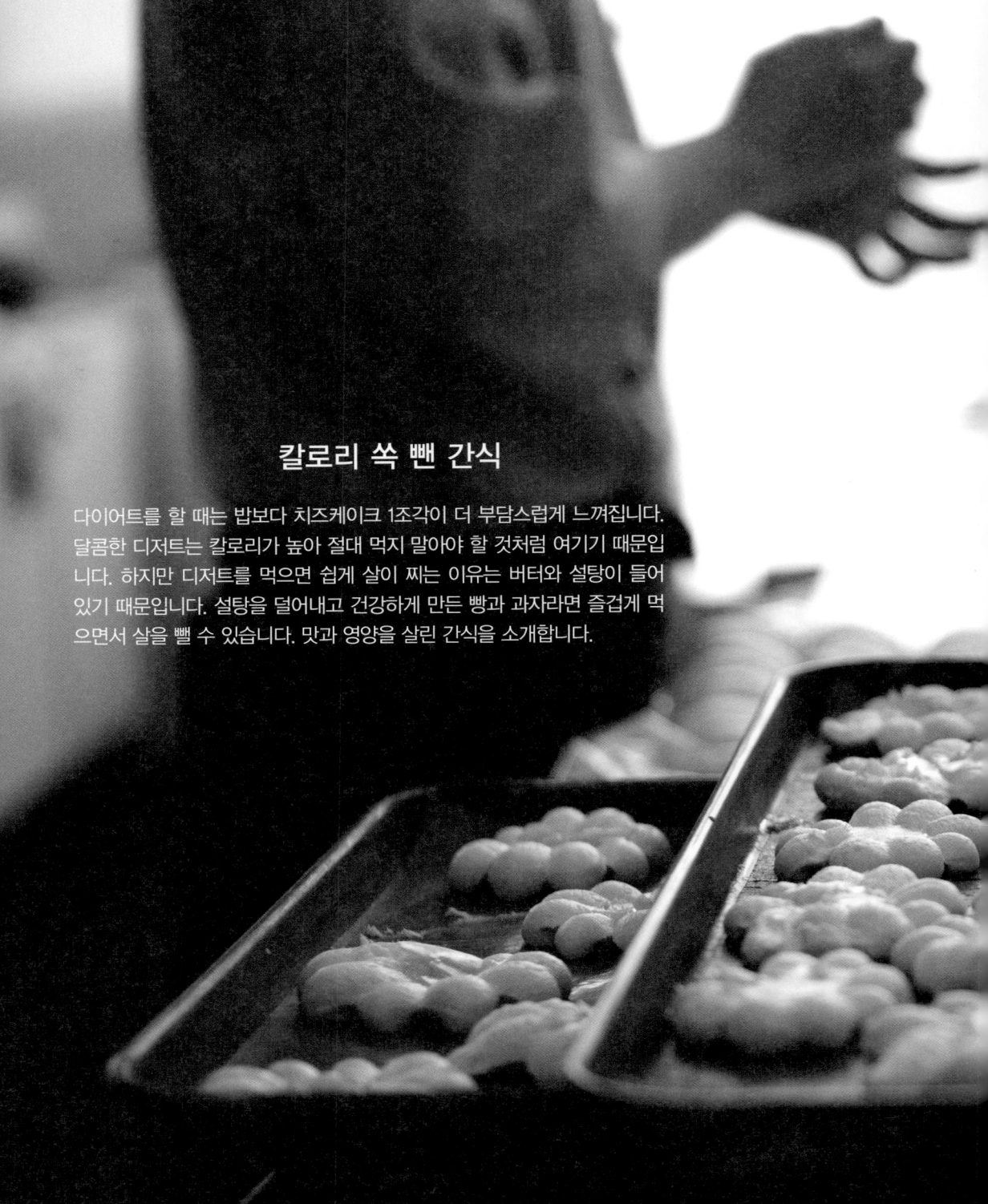

칼로리 쏙 뺀 간식

다이어트를 할 때는 밥보다 치즈케이크 1조각이 더 부담스럽게 느껴집니다. 달콤한 디저트는 칼로리가 높아 절대 먹지 말아야 할 것처럼 여기기 때문입니다. 하지만 디저트를 먹으면 쉽게 살이 찌는 이유는 버터와 설탕이 들어있기 때문입니다. 설탕을 덜어내고 건강하게 만든 빵과 과자라면 즐겁게 먹으면서 살을 뺄 수 있습니다. 맛과 영양을 살린 간식을 소개합니다.

PART

3

DESSERT

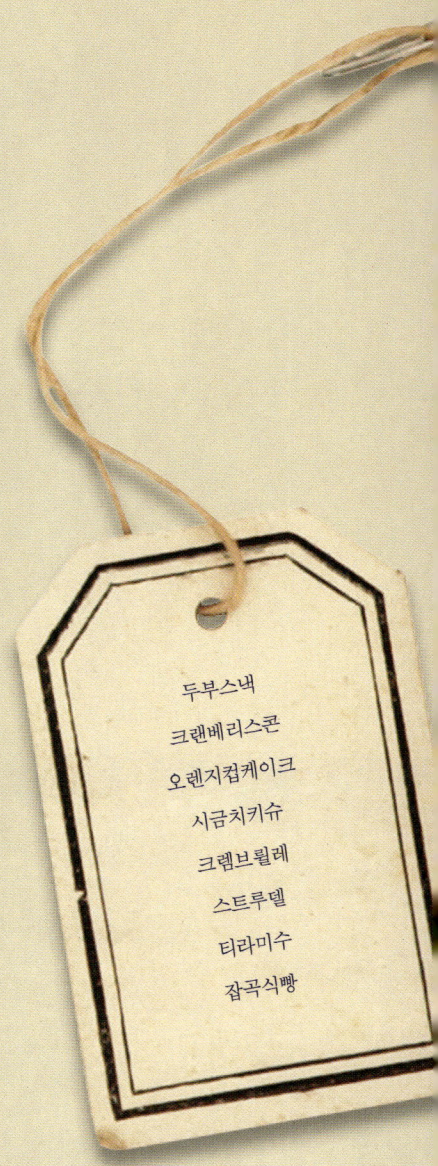

두부스낵
크랜베리스콘
오렌지컵케이크
시금치키슈
크렘브륄레
스트루델
티라미수
잡곡식빵

건강을 생각한다면 달콤한 빵과 과자는 되도록 먹지 않는 것이 좋다. 설탕과 버터가 많이 들어갈수록 더 부드럽고 맛있게 느껴지기 때문이다. 하지만 설탕과 버터를 사용하지 않고도 맛있는 디저트를 만들 수 있다. 또한 지방 함량이 높은 동물성 생크림 대신 식물성 크림과 트랜스 지방이 함유되지 않은 식물성 마가린을 활용하면 보다 건강한 디저트가 완성된다.

두부스낵

두부가 기름을 많이 흡수하기 때문에 튀기지 않고 구워 칼로리를 낮
춘 과자. 두부는 콩으로 만든 식품 중 소화율이 95%에 다다르므로 다
이어트를 할 때 먹으면 좋다. 두부와 검은깨로 만든 과자로 부드러
우면서 바삭한 식감이 좋아 남녀노소 모두 즐길 수 있다.

TIP

단단한 두부는 연두부에 비해 칼로
리는 높지만 칼슘과 식이섬유가 풍
부하다.

재료

강력분	200g
두부	80g
달걀	40g
올리고당	3큰술
검은깨	1큰술
소금	약간

이렇게 만드세요

1. 두부는 면포로 감싸 물기를 제거한 뒤 주걱으로 으깨며 체에 내린다.
2. ①에 달걀, 올리고당, 검은깨를 넣고 고루 섞는다.
3. ②에 강력분과 소금을 넣고 섞어 반죽을 한 덩어리로 뭉친 뒤 비닐팩에 넣
   어 실온에서 10~15분간 휴지한다.
4. ③을 밀대를 이용해 1mm두께로 얇게 민다. 폭신하게 먹고 싶을 때는
   3mm 두께로 민다.
5. ④의 반죽을 2×2cm 크기 마름모꼴로 썰어 오븐 팬에 펼쳐 담고 180℃로
   예열한 오븐에 10~15분간 굽는다. 꺼내서 손으로 눌러 보아 과자가 휘면
   1~2분 더 굽는다.

크랜베리스콘

스콘은 버터와 생크림 함량이 높은 고칼로리 간식이다. 버터 대신 식물성 마가린과 식이섬유를 넣어 칼로리를 줄이면 담백하게 먹을 수 있다. 커피와 홍차 등과 곁들여 티타임에 즐기면 잘 어울린다.

재료 (지름 6cm 6개)

박력분	100g
식물성 마가린(냉동한 것)	40g
저지방 우유	30ml
크랜베리	25g
올리고당	15g
호두	10g
럼	5ml
베이킹파우더	2.5g
식이섬유	1g

이렇게 만드세요

1. 박력분과 베이킹파우더, 식이섬유를 체에 내린 뒤 마가린을 넣고 스크래퍼로 다지듯 섞는다.
2. ①에 우유, 크랜베리, 올리고당, 호두, 럼을 넣고 잘 섞어 한 덩어리로 뭉친 다음 비닐팩에 넣어 냉장고에서 30분간 휴지시킨다. ─────
3. ②의 반죽을 밀대를 이용해 2cm 두께로 동그랗게 밀어 편다.
4. 반죽을 지름 6cm 크기 틀로 잘라 오븐 팬에 펼쳐 담고 190℃로 예열한 오븐에 20~25분 간 굽는다.

TIP 비타민 C가 풍부한 크랜베리와 단백질이 풍부한 호두를 넣어 영양이 풍부하다. 단, 호두는 칼로리가 높은 재료이므로 적당량만 사용한다.

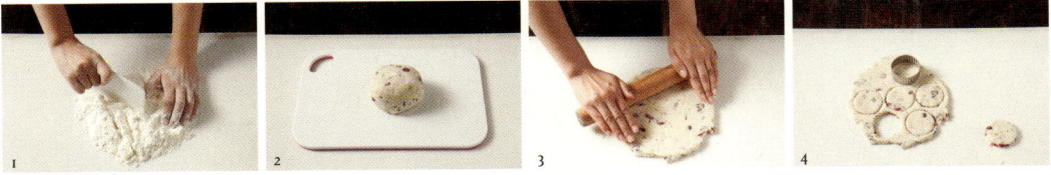

오렌지컵케이크

트랜스 지방이 없는 식물성 마가린으로 만든 저지방 컵케이크. 오렌지껍질을 럼에 재워 떫은맛을 없애고 상큼한 풍미를 살렸더니 심심하지 않다.

재료 (6개)

식물성 마가린	250g
올리고당	210g
박력분	180g
강력분	75g
오렌지 제스트	50g
분유	5g
베이킹파우더 · 달걀	4g씩
식이섬유	1g
소금 · 럼	약간씩

TIP 마트에서 살 수 있는 식이섬유를 넣어 혈당지수가 낮고 포만감을 주어 다이어트에 도움이 된다. 단, 많은 양을 사용하면 식감이 딱딱하므로 1g 정도면 충분하다.

이렇게 만드세요

1. 오렌지를 베이킹소다로 문질러 깨끗이 닦은 뒤 껍질을 강판에 갈아 제스트를 만든다. 오렌지 제스트에 럼을 넣고 30분간 잰다.

2. 볼에 상온에 둔 마가린과 올리고당, 소금을 넣고 거품기로 휘핑한다.

3. ②에 달걀을 3~4회 나눠 넣으며 젓다가 박력분, 강력분, 분유, 식이섬유, 베이킹파우더를 체에 내려 넣고 고루 섞는다.

4. ③에 ①의 오렌지 필을 넣고 가볍게 섞은 뒤 틀에 붓는다. 180℃로 예열한 오븐에 35~40분간 굽는다.

시금치키슈

시금치와 토마토 등 비타민이 듬뿍 든 채소를 넣은 키슈. 조금만 먹어도 포만감이 느껴져 식사 대용이나 브런치로 즐기기 좋다. 저지방 슬라이스 치즈 대신 모차렐라 치즈를 넣어 칼로리를 낮춰도 좋다.

DR. ROBBIN'S COMMENT
비타민 요리

TIP 디저트를 먹으면서 비타민을 섭취할 수 있는 레시피. 시금치 대신 식이섬유가 풍부한 파프리카, 버섯, 가지와 같은 채소를 활용해도 좋다.

재료 (13cm 타르트 틀 6개)

박력분	200g
식물성 마가린	80g
달걀노른자	4개(40~60g)
우유	54ml
저지방 슬라이스 치즈	42g
베이컨	34g
시금치	20g
토마토	1/4개
대파	1/8뿌리
소금	1g
올리브유 · 후춧가루	약간씩

〈충전물〉

달걀	2개(80~100g)
식물성 저지방 생크림	488g
소금	3g

이렇게 만드세요

1. 시금치는 끓는 물에 소금을 넣고 살짝 데쳐 찬물에 헹군 뒤 물기를 꼭 짠다. 베이컨, 대파, 토마토는 먹기 좋게 썬다. 달군 팬에 올리브유를 두르고 소금, 후춧가루로 간해 모두 볶는다.

2. 볼에 분량의 재료를 넣고 고루 섞어 충전물을 만든다.

3. 볼에 체에 내린 박력분, 상온에 둔 마가린, 우유, 달걀노른자, 소금을 넣고 섞은 뒤 한 덩어리로 뭉쳐 비닐팩에 담아 냉장고에서 20분간 휴지시킨다.

4. ③의 반죽을 밀대를 이용해 2mm 두께로 민 다음 타르트 틀에 깔고 스패출러로 윗면을 밀어 정리한다.

5. ④에 ①을 올리고 ②의 충전물과 저지방 슬라이스 치즈를 섞어 부은 뒤 180℃로 예열한 오븐에 45분간 굽는다.

크렘브륄레

부드럽고 달콤한 푸딩. 보통 크렘브륄레는 캐러멜을 얹어 달콤하게 먹는 디저트인데 저지방 우유와 식물성 저지방 생크림을 넣어 칼로리를 줄였다.

재료 (200ml 컵 3개 분량)

식물성 저지방 생크림	215g
저지방 우유	85ml
달걀노른자	72g
올리고당	42g
바닐라빈	약간

TIP
일반적인 크렘브륄레는 생크림과 설탕 함량이 높은 고칼로리 음식. 설탕보다 칼로리는 낮고 식이섬유가 많은 올리고당을 사용해 칼로리 부담을 낮췄다.

이렇게 만드세요

1. 냄비에 우유, 휘핑한 저지방 생크림, 올리고당, 바닐라빈을 넣고 끓이다 전체적으로 거품이 올라오면 불을 끈다.
2. ①의 바닐라빈은 건져내고 달걀물을 부어 고루 섞는다.
3. ②를 체에 거른다.
4. 컵에 ③을 80% 정도 채운 뒤 절반 정도 물을 채운 철판에 올려 160℃로 예열한 오븐에 30분간 굽는다. 내용물이 살짝 흔들릴 정도가 되면 꺼내 식힌 뒤 냉동한다.

스트루델

시판 페스트리 반죽을 활용해 손쉽게 만들 수 있는 애플파이. 조린 사과와 레몬즙이 상큼한 풍미를 낸다. 블루베리나 딸기 등 제철 과일로 대체해도 좋다.

DR. ROBBIN'S COMMENT

비타민 요리

재료 (10×10cm 3개)

사각 페스트리 시트	3개
사과	1개(200g)
물	40ml
올리고당 · 레몬즙	1큰술씩
계핏가루	2g

이렇게 만드세요

1. 사과는 껍질을 벗기고 1.5×1.5cm 크기로 깍둑 썬다.
2. 냄비에 사과, 물, 올리고당을 넣고 약불에서 조린다. 이쑤시개로 사과를 찔렀을 때 푹 들어가면 적당하다.
3. ②에 레몬즙과 계핏가루를 넣고 주걱으로 저어가며 조린다.
4. 페스트리 반죽에 ③을 2큰술 넣고 3단으로 접는다.
5. ④의 윗면에 칼로 모양을 낸 뒤 180℃로 예열한 오븐에 20분간 굽는다.

TIP

설탕은 혈당지수가 높아 많은 양을 먹으면 금세 당이 축적된다. 설탕 대신 올리고당으로 사과를 조려 칼로리가 낮고 식이섬유도 섭취할 수 있다.

1

2   3   4   5

티라미수

크림 분량을 줄이고 크림 치즈를 넣어 가볍고 부드러운 저지방 디저트다. 코코아가루를 뿌려도 되고 굳혀서 푸딩처럼 떠먹어도 좋다.

재료 (200ml 컵 3개 분량)

TIP
일반 티라미수는 부드럽고 달콤하지만 생크림이 많이 들어가 부담스러운데 식물성 저지방 생크림을 사용해 부담을 줄였다. 소량씩 나눠 냉동한 뒤 상온에서 해동해 먹으면 편하다.

식물성 저지방 생크림	256g
크림 치즈	140g
올리고당	4큰술
에스프레소	50ml
달걀노른자	40g
젤라틴	6g
코코아가루	5g

이렇게 만드세요

1. 볼에 크림 치즈와 식물성 저지방 생크림 70g을 넣고 고루 젓다가 달걀노른자와 올리고당을 넣고 거품기로 섞는다.
2. 젤라틴은 얼음물에 불린 뒤 물기를 짜 ①에 넣고 중탕으로 녹인다.
3. ②를 거품기로 고루 섞다가 남은 생크림을 넣고 휘핑한다. 에스프레소를 넣고 가볍게 섞는다.
4. 컵에 ③을 부은 뒤 하루 동안 냉동실에서 굳혀 코코아가루를 뿌린다.

잡곡식빵

집에서 손쉽게 만들 수 있는 건강 빵. 토스트나 샌드위치 등 여러 가지 간식으로 활용할 수 있다. 크래프트 믹스가 없을 때는 호밀가루에 해바라기 씨나 호두 등 비타민이 듬뿍 든 견과류를 다져 넣는다.

재료 (9.5cm 식빵 틀 1개)

강력분	350g
우유	250ml
크래프트 믹스	150g
식물성 마가린	50g
올리고당	24g
생이스트	20g
달걀	1개
소금	4g

이렇게 만드세요

TIP
반죽을 할 때 호두, 해바라기씨, 잡곡 등을 섞으면 탄수화물 함량을 낮추고 부족한 영양소를 보충할 수 있다.

1. 강력분을 체에 내려 구멍을 내고 생이스트, 소금을 넣어 섞은 뒤 나머지 재료를 넣고 반죽한다.
2. 반죽이 한 덩어리가 되면 면포를 덮어 2배가량 부풀 때까지 상온에서 1시간 정도 1차 발효시킨다.
3. ②의 반죽을 280g씩 떼서 매끈하고 동그랗게 만든 뒤 젖은 면포로 덮어 상온에 10분간 둔다.
4. ③의 반죽을 밀대로 밀어 3절 접기를 한 뒤 틀에 넣고 80% 정도 부풀 때까지 상온에서 10분간 2차 발효시킨다.
5. 180℃로 예열한 오븐에 25~30분간 굽는다.

1

2

3

4

신선한 과일과 채소를 갈아 만든 주스는 가장 쉽게 건강을 챙길 수 있는 방법이다. 재료의 진하고 풍부한 맛이 몸의 기운을 일깨우고 온몸 가득 비타민을 전달한다. 상큼한 재료로 만든 건강 주스는 다이어트 중인 여성은 물론 성장기 아이들에게도 좋다. 하지만 여기에 설탕을 듬뿍 넣는다면 마시는 효과를 볼 수 없다. 매일 아침에 1잔씩 마셔 건강을 지키자.

JUICE

라씨
고구마라테
두부흑임자셰이크
흑임자미숫가루
사과키위주스
비타민주스
딸기바나나스무디
오렌지파인주스

라씨

플레인 요구르트와 우유를 실온에서 발효시킨
것으로 방법이 간단해 집에서도 쉽게 만들 수
있다. 시리얼이나 무슬리에 뿌려 아침 식사로
즐겨도 좋고, 우유와 라씨를 끓여 홈메이드 치
즈를 만들어도 좋은 활용도 높은 음료다.

재료

저지방 우유	700ml
플레인 요구르트	50ml

TIP
칼슘이 첨가되지 않은 우유를 사용해야
응고시킬 수 있다. 우유를 발효시키면
유효성분은 높아지고 지방은 낮아져
다이어트에 특히 효과적이다.

이렇게 만드세요

1. 저지방 우유와 플레인 요구르트를 고루 섞은 뒤
   온장고나 보온밥솥 보온 기능으로 24시간 발효시
   킨다.
2. 발효시킨 라씨가 응고되면 냉장 보관해 놓고 그래
   놀라나 견과류, 마른 과일을 취향에 따라 넣어 먹
   는다.

DR. ROBBIN'S COMMENT
저지방 요리

DR. ROBBIN'S COMMENT
저칼로리 요리

고구마라테

고구마의 고소함과 달콤한 맛이 잘 어우러지는 음료. 여름에는 차갑게, 겨울에는 뜨겁게 먹는다. 우유의 양을 조금 줄이면 걸쭉해져 수프로 먹을 수 있다.

재료

저지방 우유	200ml
고구마	50g
올리고당	1큰술
아몬드 슬라이드	적당량

이렇게 만드세요

1. 고구마는 껍질째 삶은 뒤 뜨거울 때 마른 행주로 표면을 문질러 껍질을 벗긴다.
2. 믹서에 ①과 우유, 올리고당을 넣고 곱게 간 다음 아몬드를 얹는다.
   ──TIP
   고구마라테에 계핏가루나 생강가루를 넣어 마시면 감기 예방에 도움이 된다.

두부흑임자셰이크

다이어트와 피부 미용에 좋은 흑임자와 고기만큼
우수한 단백질 식품인 두부를 활용한 주스. 소량
의 두부를 넣어 두유 맛이 더 고소하고 부드럽다.
콩 특유의 비릿한 맛이 날 수 있으므로 올리고당
대신 소금으로 간한다.

재료

두유	150ml
두부	100g
흑임자	10g
조각 얼음	5개
다진 호두	1개분
소금	약간

TIP
일반 두부보다 칼로리
함량이 낮은 연두부를
사용하면 좋다.

이렇게 만드세요

1. 믹서에 호두를 제외한 재료를 모두 넣고 곱게 간다.
2. ①을 컵에 담고 다진 호두를 올린다.

DR. ROBBIN'S COMMENT
단백질 요리

흑임자미숫가루

대표 건강 음료인 미숫가루에 흑임자를 넣어
시판 두유와 비슷한 맛을 냈다. 비타민이 가
득한 견과류를 이용한 가루 종류는 모두 잘
어울린다. 겨울철에는 뜨겁게 데운 우유에
타 수프처럼 먹어도 좋다.

DR. ROBBIN'S COMMENT
비타민 요리

재료

저지방 우유	200ml
미숫가루	30g
흑임자	10g
올리고당	1큰술

TIP 시중에서 판매하는 오곡 가루
는 설탕이 함유된 제품이 많으
므로 따져 보고 구입할 것.

이렇게 만드세요

1. 냄비에 우유를 담아 거품이 생기면서 끓어오르
   면 불을 끈다.
2. 컵에 미숫가루, 흑임자, 올리고당을 담고 ①의
   데운 우유 절반을 부어 고루 젓는다.
3. 남은 우유는 거품기로 저어 거품을 낸 뒤 ②에
   붓는다.

사과키위주스

비타민과 미네랄이 풍부한 과일주스. 달콤한
사과와 새콤한 키위가 어우러져 식욕을 돋운
다. 키위 씨는 갈면 맛이 떫어지므로 사과를 먼
저 간 뒤 마지막에 키위를 넣고 살짝 간다.

재료

사과 · 키위	1개씩
물	100ml
올리고당	1큰술
조각 얼음	5개

이렇게 만드세요

TIP

사과주스에 레몬즙을
약간 넣으면 유기산이
상승하는 효과가 있다.

1. 믹서에 사과, 올리고당, 물, 얼음을 넣고 곱게 간다.
2. ①에 키위를 넣고 가볍게 간다.

비타민주스

당근을 좋아하지 않는 사람도 부담 없이 마실 수 있는 음료. 오렌지와 함께 갈아 거부감 없이 상큼하게 먹을 수 있다. 빈혈과 노화 방지에 좋은 베타카로틴이 풍부한 항산화주스다.

재료

오렌지·토마토	1/2개(100g)씩
당근	30g
올리고당	1큰술
조각 얼음	5개

TIP
컬러가 같은 채소와 과일은 궁합이 잘 맞는다.

이렇게 만드세요

1. 오렌지는 속껍질을 벗기고 토마토는 꼭지를 뗀다.
2. 믹서에 모든 재료를 넣고 곱게 간다.

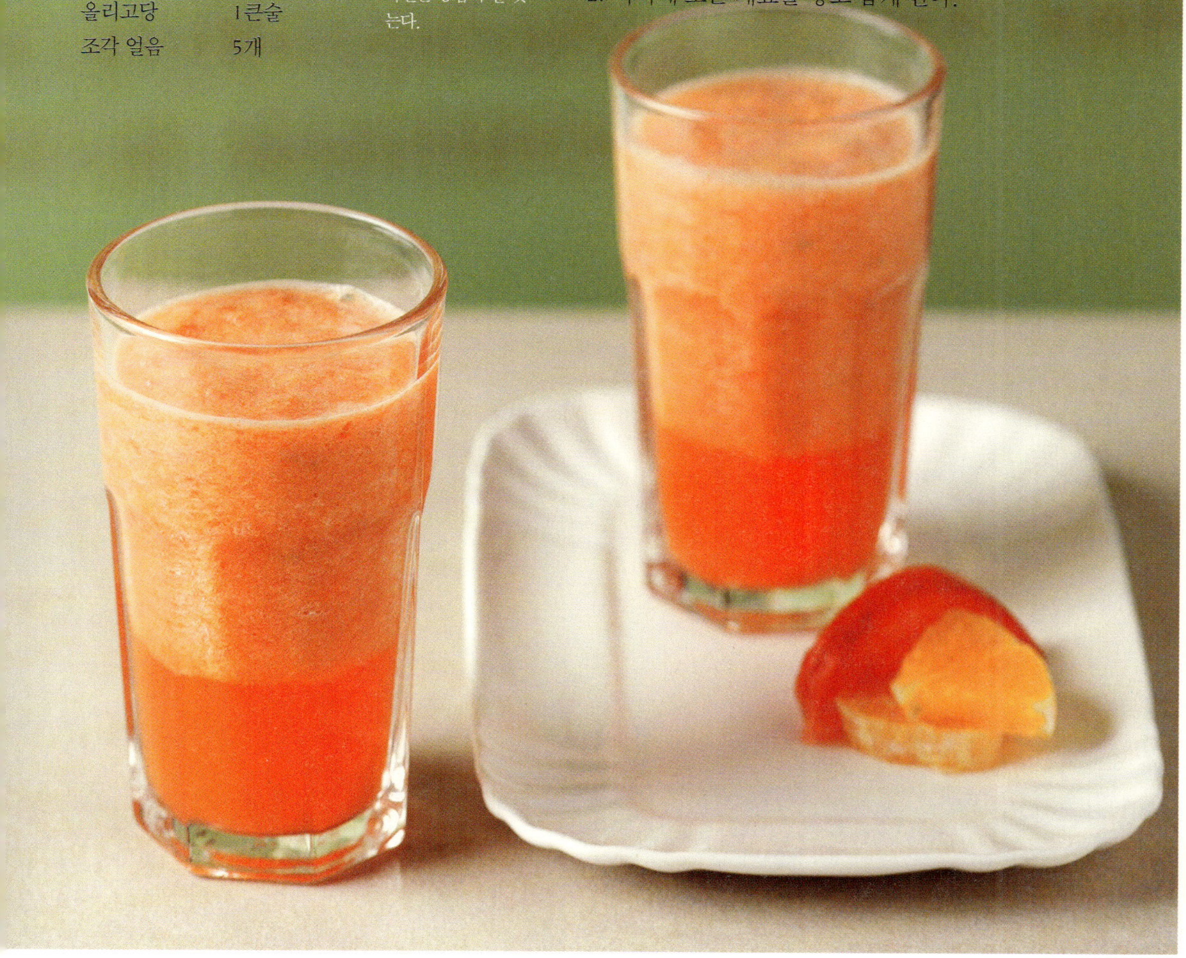

딸기바나나스무디

1개당 열량이 80kcal 정도라 칼로리는 낮지만 포만감을 주어 다이어트 과일로 손꼽히는 바나나는 딸기와 궁합이 잘 맞는다. 우유 대신 라씨로 만들면 상큼하게 즐길 수 있다.

DR. ROBBIN'S COMMENT
저지방 요리

재료

냉동 딸기	7개
바나나	1개(80g)
라씨(만드는 법 P172 참고)	50ml
올리고당	1큰술
조각 얼음	6개

이렇게 만드세요

1. 바나나는 껍질을 벗긴다.
2. 믹서에 바나나, 딸기, 라씨, 올리고당, 얼음을 넣고 곱게 간다.──(TIP)

우유보다 칼로리가 낮은 라씨나 두유를 넣고 갈아 마신다.

오렌지파인주스

새콤달콤한 맛이 좋은 과일주스. 파인애플에 소화를 돕는 효소가 있고 식이섬유가 풍부해 아침에 1잔씩 마시면 변비 해소에 효과가 있다.

재료

오렌지	1/2개(100g)
파인애플	150g
물	50ml
얼음	5개

TIP 파인애플은 단백질을 분해하는 효소가 들어 있어 고기를 먹은 뒤 마시면 좋다.

이렇게 만드세요

1. 오렌지는 속껍질을 제거한다.
2. 믹서에 오렌지와 파인애플, 물, 얼음을 넣고 간다.

INFO

건강 & 슬리밍을 위한
데일리 체크

01
패스트푸드를 피한다

햄버거나 라면 등의 패스트푸드는 설탕을 비롯한 감미료나 포화지방이 많이 들어가 맛이 좋다. 그러나 맛이 자극적인 만큼 열량이 높고 기름도 많다. 패스트푸드는 포화지방산과 콜레스테롤, 나트륨 함량이 높아 되도록 피해야 한다. 무엇보다도 햄버거처럼 탄수화물과 지방이 결합되는 조리법은 체내 혈당지수를 높여 인체에 해롭다.

02
특정 음식만 섭취하지 않는다

포도, 사과, 바나나 등 한 가지 식품만 먹는 다이어트는 여전히 인기를 끌고 있다. 하지만 포도 같은 과일은 체내에서 쉽게 당질로 바뀌는 고탄수화물 식품이다. 또 탄수화물만 섭취하면 체내에서는 단백질이 부족하다고 느끼고 근육을 분해해 부족한 단백질을 보충한다. 결국 지방 대신 근육이 빠지게 되는 것이다. 반면 고기만 먹는 다이어트는 탄수화물 공급은 줄일 수 있지만 체지방이 분해될 때 케톤이 생성되어 체내 수분을 배출시킨다. 즉, 체중은 빠지지만 이는 수분이 빠지는 것이라 지방에는 변동이 없다.

03
소금 섭취를 줄인다

국이나 반찬 등 우리나라 음식에는 염분이 많이 들어간다. 생채 요리를 할 때는 소금 대신 레몬즙을 넣고 생선구이는 무즙을 뿌려 먹는 등

염분 섭취를 줄이는 노력을 해야 한다. 또한 시판 고추장에는 생각보다 많은 물엿과 밀가루가 들어 있어 칼로리가 높으므로 음식을 할 때 고추장의 양을 줄여야 한다. 이처럼 과잉 섭취하면 부종과 성인병 등을 일으킬 수 있는 요소를 최대한 줄이기 위해 노력한다.

04
자신에게 맞는 식품을 찾아 다양하게 요리한다

두부나 닭가슴살 등이 다이어트에 효과적이라는 것은 먹으면 바로 살이 빠진다는 말이 아니라 이 재료들을 활용해 식사를 하면 섭취 열량이 줄어들어 체중 감소 효과가 있다는 뜻이다. 그러나 한 가지 식품만 섭취하는 원푸드 다이어트는 영양 불균형과 요요현상이라는 부작용이 따른다. 그러므로 다이어트에 좋은 식품 중 자신에게 잘 맞는 식품을 골라 다채롭게 변화를 주면서 요리하는 것이 좋다. 예를 들어 양배추는 삶아서 쌈장에 찍어 먹는 것이 일반적이지만, 파프리카와 함께 채 썰어 샐러드로 먹거나 전으로 구워 먹는 등 입맛을 충족시키면서 단조로움을 피할 방법을 찾아 본다.

05
나쁜 식습관은 버린다

단기간에 체중을 빼는 다이어트를 계획 중이라면 꼭 지켜야 할 것이 하루 세 끼를 먹는다는 원칙이다. 아침을 굶는 일이 반복되면 우리 몸은 비상 상태라고 인식해 먹는 족족 음식물을 체내에 축적한다. 또한 규칙적으로 식사를 하지 않으면 밤늦게 먹거나 폭식을 하게 된다. 칼로리나 혈당지수가 아무리 낮은 식품이라도 야식은 피하고 규칙적으로 하루 세 끼를 챙기도록 노력한다.

칼로리 낮추는 대체 재료

설탕 4kcal → 올리고당 2kcal(1g 기준)

설탕은 사탕무와 사탕수수를 압착해서 만들기 때문에 미네랄이 제거된 상태일 뿐 아니라 단순당질이라 체내 흡수가 빨라 중성지방으로 전환되는 속도도 빠르다. 요리에는 설탕보다 칼로리가 40% 이상 적고 식이섬유가 풍부한 올리고당을 활용하는 것이 좋다. 설탕 대신 꿀을 사용하는 경우도 많은데 칼로리가 높은 편이므로 피한다.

마요네즈 280kcal → 저지방 마요네즈 140kcal(30g 기준)

마요네즈는 토마토케첩과 함께 요리에 자주 쓰이는 소스로 고소한 맛이 일품이지만 달걀, 식용유, 식초로 만들기 때문에 칼로리가 높다. 저지방 마요네즈는 일반 마요네즈보다 칼로리를 절반 이상 낮춘 것으로 맛이 부드럽고 담백하다. 샐러드의 베이스 드레싱으로 활용하면 지방 섭취를 줄일 수 있다. 마요네즈 대신 저지방 마요네즈나 플레인 요구르트를 샐러드나 수프 재료로 활용한다.

생크림 250kcal → 식물성 저지방 생크림 140kcal(100g 기준)

생크림은 동물성과 식물성으로 나뉜다. 우리가 보통 먹는 생크림은 우유나 유지방에서 분리한 동물성 크림으로 풍미가 부드럽다. 하지만 동물성 생크림은 지방 함량이 49% 이상 차지하고, 식물성 저지방 생크림은 콩이나 코코넛 등에서 분리한 크림으로 부드러움은 떨어지지만 맛이 깔끔하고 지방 함량이 낮다.

일반 우유 70kcal → **저지방 우유** 40kcal(100ml 기준)

일반 우유는 칼로리가 높은 편이므로 저지방 우유를 활용한다. 저지방 우유에도 지방이 14% 정도 들어 있지만 일반 우유에 비해 칼로리가 낮고 칼슘이 풍부해 골다공증 예방에도 도움이 된다.

버터 230kcal → **올리브유** 220kcal(30g 기준)

버터, 마가린, 쇼트닝 등 고소한 맛을 내는 유지류는 고체로 만드는 과정에서 트랜스 지방이 생기므로 주의해야 한다. 되도록 가열 처리를 하지 않아 유효성분이 풍부한 올리브유를 먹는다. 올리브유는 지방 함량이 높지만 심장을 튼튼하게 하고 몸에 나쁜 콜레스테롤을 줄이는 단일 불포화 지방산이 풍부하므로 걱정하지 않아도 된다.

슬라이스 치즈 60kcal → **저지방 슬라이스 치즈**40kcal(1장 18g 기준)

가공한 슬라이스 치즈는 지방과 포화지방이 함유되어 많은 양을 먹으면 살이 찔 수 있다. 반면 저지방 슬라이스 치즈는 지방 함량을 대폭 줄이고 칼슘 함량을 늘려 남녀노소 누구나 챙겨 먹으면 좋다.

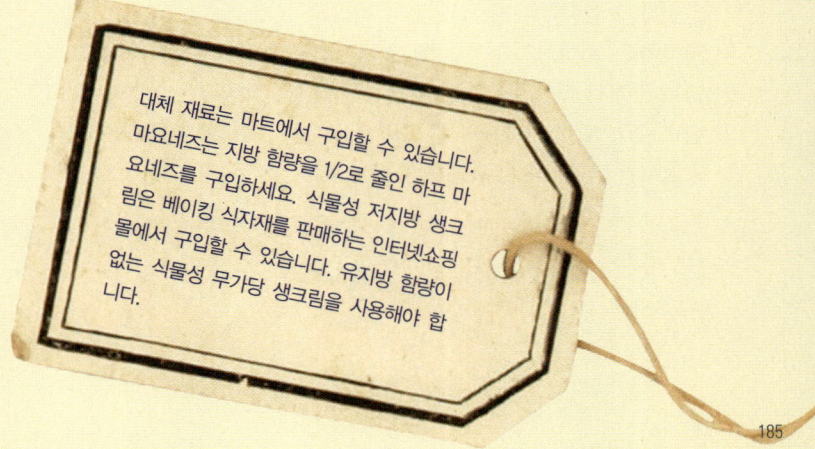

대체 재료는 마트에서 구입할 수 있습니다. 마요네즈는 지방 함량을 1/2로 줄인 하프 마요네즈를 구입하세요. 식물성 저지방 생크림은 베이킹 식자재를 판매하는 인터넷쇼핑몰에서 구입할 수 있습니다. 유지방 함량이 없는 식물성 무가당 생크림을 사용해야 합니다.

대표 재료
혈당지수

살이 찌는 것은 기본적으로 섭취하는 칼로리보다 소비하는 칼로리가 적어 남는 칼로리가 지방으로 바뀌어 축적되기 때문이다. 따라서 비만을 예방하기 위해서는 칼로리를 조절해야 한다. 하지만 섭취하는 칼로리와 소비되는 양이 반드시 일치하지는 않으므로 식품 칼로리보다 혈당지수가 더 중요하다. 혈당지수는 50g의 포도당 섭취를 100으로 보고 각 식품의 탄수화물 50g을 섭취한 뒤 2시간 동안 혈당량 변화를 비교한 수치다. 음식을 먹으면 음식물 속의 탄수화물, 지방, 단백질 등 에너지를 공급하는 영양소가 소화 효소에 의해 소화 흡수되는데 이 과정에서 인슐린 호르몬이 간에 저장된 포도당을 분해해 혈액에 방출한다. 하지만 글리코겐 형태로 간에 저장할 수 있는 양은 100g 정도로 혈중 포도당이 초과되면 인슐린은 포도당을 글리코겐이 아니라 지방으로 변환시켜 지방조직에 저장한다. 즉, 혈액에 포도당이 많으면 많을수록 체지방이 증가해 살이 찌기 쉽다.

혈당지수는 식품 내 탄수화물에 해당하는 수치다. 보통 혈당지수가 60 이하인 식품을 섭취하라고 권장한다. 당근은 혈당지수가 80 정도인 고혈당 식품. 당근에 함유된 탄수화물은 혈당이 빠르게 오르게 하지만 당근에는 탄수화물이 많이 들어 있지 않기 때문에 많은 양을 먹지 않는다면 큰 문제가 되지 않는다. 또한 탄수화물이 많은 식품은 일반적으로 혈당지수가 높지만 혈당지수가 낮다고 해도 지방 식품을 많이 먹으면 칼로리 섭취량이 증가해 결국 비만으로 연결된다. 즉, 혈당지수가 60 이하인 저혈당지수 식품을 챙겨먹되 단백질이나 지방 식품도 적정 범위 안에서 섭취하면 혈당의 급격한 상승이 억제되고 인슐린 분비가 감소된다. 또 지방세포를 분해해 에너지를 사용할 수 있도록 혈액을 방출시켜 다이어트 효과를 거둘 수 있다.

혈당지수 낮추는 법

01
오래 익히지 않는다

생으로 먹거나 열을 덜 가해서 조리하면 혈당지수가 낮다. 예를 들어 삶은 고구마는 혈당지수가 61인 데 반해 생으로 먹으면 44 정도다. 또한 굽는 것보다 삶은 것이 혈당지수가 낮다. 파스타나 냉면 등 면류도 덜 삶을수록 혈당지수가 낮다.

02
과일은 숙성시키지 않는다

도정하지 않은 현미의 혈당지수가 낮다. 특히 과일에 설탕 등을 첨가해 절이거나 숙성시켜 음료로 만들면 혈당지수가 상승한다.

03
식이섬유가 풍부한 식품을 먹는다

탄수화물 위주 식사를 할 때도 채소나 해조류 등 식이섬유가 풍부한 식품을 함께 먹으면 소화 속도가 지연되어 혈당이 천천히 상승하는 효과가 있다. 무침류 음식을 할 때 식초를 살짝 넣으면 장내 산도를 낮춰 소화 속도가 늦어진다.

주요 식품 혈당지수 vs 칼로리

음식	혈당지수	칼로리	음식	혈당지수	칼로리
호밀빵	55	378	버터	30	745
현미	56	330	달걀	30	151
파스타	65	378	파르메산 치즈	33	475
라면	73	381	생크림	39	433
베이글	75	273	새우	40	97
백미	84	336	오징어	40	88
식빵	91	264	닭가슴살	45	105
시금치	15	20	베이컨	49	405
브로콜리	25	33	참치통조림	40	288
피망	26	18	토마토	30	19
양배추	26	23	오렌지	31	46
송이버섯 · 팽이버섯	29	22	귤	33	45
양파	30	37	키위	35	53
두부	42	72	사과	36	54
단호박	65	91	포도	50	59
당근	80	37	바나나	55	86
감자	90	76	파인애플	65	51
설탕	109	386	카레가루	49	512
우유	25	125	마요네즈	15	670
저지방우유	26	46	토마토 소스	9	44

* 100g 기준

INFO 04
슬리밍 메뉴가 필요한 이유

01

비만 탈출은 물론 건강을 되찾게 된다

일반적으로 기름진 고기를 많이 먹으면 살이 찔 거라고 생각한다. 하지만 탄수화물 중독과 첨가물 과다 섭취 등 생각지 못한 식습관으로 인해 체내 혈당지수가 높아지고 체중이 증가한다. 짜고 맵고 단 음식 대신 건강한 식재료로 담백하게 만든 음식으로 식단을 바꾸면 가장 먼저 미각을 찾게 된다. 자극적인 맛에 길들여진 미각과 몸의 밸런스를 찾으면 자연스럽게 고혈압, 위염, 부종 등의 성인병까지 예방하는 효과가 있다.

02

탄수화물 중독에서 벗어날 수 있다

먹을수록 허기가 지는 탄수화물 중독. 배가 고프면 금세 짜증이 나고 배부르게 먹으면 만족스러운 상태에 빠지는 탄수화물 중독이 반복되면 고치기가 쉽지 않다. 특히 생식보다 익힌 것, 거친 것보다 정제된 것이 혈당지수가 높아 체내 흡수가 쉽기 때문에 당 중독과 체중 증가를 일으킨다. 오랜 시간 체내에서 대사 활동을 일으키는 통곡물 위주 식단을 조금씩 실천해 나가면 탄수화물 중독에서도 벗어날 수 있다.

03

맛있게 먹으면서 다이어트를 할 수 있다

원푸드 다이어트나 굶는 다이어트는 단시간에 체중을 뺄 수는 있지만 몸에 무리를 주어 요요현상을 일으킨다. 또한 단식과 폭식을 반복하면 근육과 수분이 빠져 피부가 쪼글쪼글해진다. 혈당지수가 낮은 음식을 칼로리가 높지 않은 조리법으로 요리해 먹는 식습관을 들이면 허기가 지는 다이어트의 족쇄에서 벗어날 수 있다. 풍성한 식단과 다양한 조리법 덕에 먹는 즐거움을 만끽하게 되고 그만큼 열량이 줄어들어 슬림한 몸매를 유지할 수 있다.

DR. ROBBIN

〈닥터로빈〉의 건강한 레시피 54